超好玩·有意思

生物真奇妙

快乐学习
趣味童年

有趣 的 课堂

编绘⊙壹卡通动漫

陕西出版传媒集团
陕西科学技术出版社

图书在版编目（ＣＩＰ）数据

生物真奇妙 / 壹卡通动漫编绘. — 西安：陕西科
学技术出版社，2014.12
（有趣的课堂）
ISBN 978-7-5369-6350-4

Ⅰ．①生… Ⅱ．①壹… Ⅲ．①生物学－青少年读物
Ⅳ．①Q-49

中国版本图书馆CIP数据核字(2014)第293137号

策　划　　朱壮涌
出 版 人　　孙　玲

有趣的课堂·生物真奇妙

出 版 者	陕西出版传媒集团　陕西科学技术出版社
	西安北大街 147 号　　　邮编 710003
	电话 (029)87211894.　　传真 (029)87218236
	http://www.snstp.com
发 行 者	陕西出版传媒集团　陕西科学技术出版社
	电话 (029)87212206　87260001
印　　刷	陕西思维印务有限公司
规　　格	720mm×1000mm　16 开本
印　　张	8
字　　数	100 千字
版　　次	2014 年 12 月第 1 版
	2014 年 12 月第 1 次印刷
书　　号	ISBN 978-7-5369-6350-4
定　　价	19.80 元

推荐序

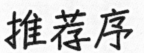

　　我们的学生时期基本上是在听老师讲课中度过的。在这些课中，既有我们喜爱的课程，也有我们觉得枯燥无聊的课程。其实，那些看似无聊的课程也有着超乎想象的魅力。现在，我们用孩子的眼光来重新认识这些出现在课本中的知识，将它们重新编排，以插图绘本的形式图文并茂地展现在孩子面前。

　　"有趣的课堂"系列丛书形象巧妙地将深奥枯燥的课堂知识展现在读者面前，语言直白生动，知识丰富有趣，包罗万象。从历史到地理，从数学到化学，语文、生物再到物理，通过对各类课堂知识深层次的挖掘，用讲故事、做实验的方式从知识点阐述科学原理，培养孩子们热爱知识、充满好奇心的学习兴趣，使孩子们在探寻课本中好玩有趣的知识后，深刻领悟人类文明的精髓！

本丛书用孩子们喜闻乐见的图文结合的阅读方式重现课堂风采，通过绘声绘色的讲解，增长其见识、丰富其知识，增强他们的文化修养，并把阅读上升到一种快乐的状态。

快跟着阿乐一同去有趣的课堂吧！

目录

第一章　　　万灵之长

不同的生命起源　　7

生命起源的别样诠释　　9

走向人类的猿　　15

万灵之长的形成　　25

第二章　　　动物王国

有意思的动物发展　　33

恐龙时代　　35

空中健将　　45

陆地霸主　　57

水中王者　　65

另类豪杰　　75

第三章　　地球之肺

植物·小解　　77

海洋植物　　79

陆地植物　　85

植物之最　　93

第四章　　看不见的五彩缤纷

微生物　　103

原核微生物　　107

真核微生物　　113

无细胞微生物　　123

第一章
万灵之长

不同的生命起源

小朋友,你们知道万物都是从哪里来的吗?大家一定很想知道吧,那就让阿乐带小朋友一起去探索万物之灵吧!

生命起源于哪?在几千年的文明发展中,人类一直在不断给出,并加以解释,有的被证明是不成立的观点,有的至今还在争论,成为了自然科学上的重大难题。

从古至今出现了许许多多的观点,比如创神论。它认为世界万事万物都是由神灵创造的,比如《圣经》中所说的上帝用七天时间创造了天地万物。

而另一种则是自然发生论,就是说这些有生命的物体随时都可能由无生命物体变成,就相当于我国古代所说的"肉腐出虫,鱼枯生蠹"和"腐草为萤"

一个道理。在西方也有一位很牛的名人是自然发生论的支持者,他就是亚里士多德。但是法国微生物学家巴斯德所设计的一个实验彻底的否定了这一学说。他把肉汤放在烧瓶中加热,然后冷却,放时间久了就滋生出许多的小虫;而另一实验则是加热后把瓶口用东西堵上,在冷却和放置一些时间后并没有生出虫子,这就证明了虫子的来源是空气中不被人们所看到的微生物所为,而自然发生论就这样被打败了。

而另一位科学家米勒的化学产生论和宇宙生命论则是先进人类一致在追求的谜底。

米勒利用空气中的氢气、氨气和水等放在一起引爆,最终得到了蛋白质,而蛋白质则是生命的形式之一,所以论点被大多数人们所接受。而宇宙生命论至今还是让人头疼不已的问题,一个银河系里边就有一个被人类发现的生命星球,而这么多的河外星系难道就没有其他的生命星球?由于现在科技的制约所以无从推断,这已成为了生命起源的另一大谜题。

生命起源的别样诠释

　　土地，人类生存和发展所不可或缺的事物之一，不同地方的人类和民族都赋予了它特殊意义。

　　在新西兰神话中人类是由天神的鲜血和红土混合而成；希腊神话中则记载天神从地球内部取出了土和火，然后让普罗米修斯和埃皮米修斯两位神灵带着这些东西创造了动物和人类；而北美的印第安人更加有意思，他们的神灵是先创造了动植物，然后取了一些暗红色的土，用水一和就变成了一男一女，人类的鼻祖就产生了。

论起用泥土造人的神话还要属我们中国。盘古开天辟地后，用自己的身体创造了万物。这时的第二个创世神出现了，那便是美丽的女娲。

女娲睁开双眼就看到美丽的原野，天上有百鸟飞鸣，下边有群兽欢歌，水中的鱼儿也来回嬉戏玩闹，但是时间久了女娲开始越来越烦躁、越来越寂寞。心中苦闷不已，所以开始对山、水、鱼、虫等等诉说着自己的孤寂，但是又有哪些动物能了解她的心事呢！看着水中的自己，最后想明白了，原来世界上缺少像她一样的生物，所以立马找来泥土和着水，照着自己水中的影像捏出一个个的小东西。当这些捏好的东西一个个活过来的时候，她开始欢呼雀跃，并命名为"人"。但是这么大的土地，需要多久才能让它生机盎然呢？最后她拿出蔓藤蘸着泥浆挥洒，同样也出现了和手捏相似的小人，所以更加卖力地挥舞手中蘸着泥浆的蔓藤。然后又让男女互相婚配，慢慢地就出现了我们现在鼎盛的华夏大地。

追溯人类的本源

　　生命的本源对于科学家来说至今还是一个很大的谜团，虽然无法有效地证明，但科学并没有因未被证明就止步不前了。

　　现在，就让阿乐来带小朋友们去追溯人类的本源。

人类是由什么物种进化而来的？

智人。那智人之前呢？猿人。那猿人前面呢？好吧，接下来就跟着一块块的化石来细细了解一下人类生命的源头。

距今三亿年前，在茫茫的大海中生活着一种超级巨无霸，同样它也是天生的海洋杀手，它就是史前鲨鱼。根据科学家的研究，这名棘鱼属的成员是世界上大多数咬颌类脊椎动物的共同祖先。再看现在的大多数动物，不管是鸟类、鱼类还是那万千的陆地生物，只要是拥有颌的脊椎动物、爬行动物以及哺乳动物和人都是这些史前鲨鱼的子孙。

随着现代考古技术的不断发展，大量的化石被发掘，它们大部分分布在欧洲、北美洲和澳大利亚等地方。

　　食物，是所有物种生存下来的必需品，如果离开了食物等待它们的只有死亡。而在这种生存的不断压力下，各种动物都开始了漫长的进化，试图来符合自然的运转规律。

　　颌是由鳃慢慢变化而成的。颌的出现是动物进化史上的一次重大的飞跃，正因为它的出现使得进食更加的方便，使得动物生存能力大大加强。

化石是怎么形成的

　　所谓的化石就是古生物的遗体、遗物以及生活足迹被封印在了岩石中，被完好地保存了下来。在现在的考古发现中，最常见的是骸骨和贝壳。

　　动植物的遗体、遗物等被泥沙掩埋，在漫长的岁月中物体内部的有机质被分解殆尽，而骨骼、外壳及一些枝叶等被周围的沉淀物包围，久而久之就变成了石头，但是它们原来的形态、结构被完好地保存了下来，同样这些生物活动的迹象也被复制了下来，成为了我们现在了解古代生物进化的一大依据。

　　像现在出土的恐龙蛋化石、琥珀化石以及植物化石等都属于这些化石类的范畴。除了这些，也有另一种的化石存在，我们称之为活化石。

　　所谓的活化石，就是这些生物的类似种存在于化石中，比起现在的物种来说没有其他邻近的物种，是从许多灭绝事件中存活下来并保留了过去的许多原始特性的物种。

　　动物、植物以及看不见的微生物中就有许多这样的家伙，仍然像一个老古董一样。比如植物群落中就有冰河期前的物种，无油樟树、银杏、水杉、百岁兰等；动物中有土豚、小熊猫、火山兔、鳄鱼、皱鳃鲨等；而粒毛盘菌纲则是真菌中的老古董。

走向人类的猿

古猿,在人类的进化中扮演着一个非常重要的角色。经过了长达数亿年的不断演变,到了古猿时大体的结构和习性已经非常接近我们现在的人类了。

1859年英国的著名科学家达尔文先生出版了一本《物种起源》的书,阐明了生物从低级向高级、从简单到复杂的基本变化规律;接着又出版的《人类的起源与性的选择》一书中阐明了人类是由古猿进化而来的,但未从本质上说出人类和古猿的区别。之后恩格斯在《劳动在从猿到人转变过程中的作用》中很好地描述了古猿进化成人类的原动力和基本规律。

古猿一直是生活在树上的物种,常以水果、枝叶和其他的昆虫为食,随着群体的增大和四季的不断变化,当树上的食物不足以满足这个群体的时候,就有第一个吃螃蟹的古猿来到了地面。当双脚触地的一瞬间,古猿向人类的进化就又上升了一大节。直立行走在这些进入

大地上的古猿群落中逐渐出现；当第一个发现火、第一个发现工具、第一个圈养动物等等许许多多的第一个出现的时候，古猿的进化也翻天覆地的变化。最终在时间的河流中，古猿慢慢被淡化，而人类的身影越来越清晰。

　　古猿的出现比起地球的生命来说，不过沧海之一粟，但对于我们人类来说，就太过漫长。在 1911 年，发现了迄今为止最早的古猿的化石——埃及法雍的原上猿，它的生存年代大约在 3500 万～3000 万年前。之后在 1966~1967 年陆续又发现了生活在 2800 万～2600 万年前的埃及古猿的化石。之后就是生活在 2300 万～1000 万年之前的森里化石陆续在法国的圣戈当被发现，接着欧洲、亚洲、非洲等地也先后发现了类似的化石样本。根据这些化石的推断，这些古猿是现在的类人猿和我们人类共同的祖先。

生物界地质时间

　　为了描述生物在不同地质时空的发展程度，科学家们创造了一种新型的生物纪元体系。每当考古有所新发现时，通过外观和生活足迹大致判断出它所处的时代，这和现在我们用的时间纪年不同，只是粗略地推算时间。

地质时代单位：

　　时间表述单位：宙、代、纪、世等。

　　地层表述单位：宇、界、系、统等。

命名：

　　4宙：最初是3宙（冥古宙、隐生宙、显生宙），后将隐生宙重新划为太古宙、元古宙，成为4宙。

　　5代：太古代、元古代（震旦纪）、古生代、中生代、新生代。

　　12纪：寒武纪、奥陶纪、志留纪、泥盆纪、石炭纪、二叠纪（古生代），三叠纪、侏罗纪、白垩纪（中生代），古近纪、新近纪、第四纪（新生代）。

人类和古猿人的区别

　　人类学家经过长期观察和研究,发现人和猿无论在外表形态、解剖学、生理学、血液的生物化学等方面,都存在着极其相似的特征。从外表形态观察,猿的身躯与人相似,只是人能站得更直,而猿类则处于半垂直位置,后肢可以暂时直立,或用两条腿走路;脸部无毛或少毛,没有尾巴;五官位置和形象与人极其相似;猿类同人类一样,有32颗牙齿,牙齿的结构也大体和人相似;从身体结构上看,猿类骨骼大体上和人类具有同样的类型;从基本生理现象上,猿与人有许多地方相似,尤其是猿的早期胎儿和人的胎儿非常相似;从血液的生物化学方面来看,猿与人也有十分惊人的相同或相似之处,都有 A、B、O、AB 等血型;从类人猿的染色体证明猿类的染色体形态和位置也与人类的相近。

　　人们观察南方古猿的头骨和牙齿,认为这种古猿跟某种原始古猿有血统上的关系。有人认为它们大概是拉玛古猿的后代,是由某种拉玛古猿进化而来的。同时,南方古猿的头骨和牙齿又跟北京猿人(直立人)的头骨和牙齿有一些像,这表示南方古猿中的早期猿人代表从某种古猿发展到直立人的一个过渡阶段。

类人猿的生理进化

　　类人猿在生理结构、语言和社会性三个方面，与人有着许多本质的区别，比如，人会制造和使用工具，人更能适应环境，在从事社会劳动、制造工具、能动地改造自然方面是人类所独有的。人的脑结构具有更高层次、更加复杂的进化特征。人类与猿类的本质区别还在于人类有语言，另一个重要的本质区别还在于人类的社会性。

　　猿类进化成人的主要过程一般分为两个大的步骤：第一步，从猿到人的过渡，经历了拉玛古猿和南方古猿两个阶段。第二步，人类发展至原始公社时期，成为完全的人，经历了早期直立人、晚期直立人、早期智人和晚期智人四个阶段。一般认为，劳动在猿变成人的过程中起了决定作用。在人类起源与进化的问题上，学术界至今仍争论不休。

　　现代人的起源指的是现在生活在世界不同地区的人种——黄种

人、白种人、黑种人和棕种人,他们是怎样起源的,有两种理论。一种叫"单一地区起源说",认为现代人是某一地区的早期智人"侵入"世界各地而形成的,这个地区过去认为是亚洲西部,近年来则改为非洲南部。另一种叫"多地区起源说",认为亚、非、欧各洲的现代人,都是由当地的早期智人以至猿人演化而来的。就中国人的起源来讲,考古学家认为中国人是在自己的土地上,由当地古代人进化而来的。

古猿人进化的过程

根据化石发现,现在一般将人类脱离古猿后的发展历史分为三个阶段:

第一阶段是猿人阶段,这时的猿人会制作一些粗糙的石器,脑量大约在 630~700 毫升,会狩猎。最有进步意义的是,此时的猿人已经懂得了使用火,并知道如何长期保存火种。

第二阶段是古人阶段,或称早期智人阶段。古人的特征是脑量进一步增大,已经达到现代人的水平,能人工生火,开始有埋葬的习俗,已经开始穿所谓的衣服,不再是赤身裸体,并且在世界的不同地方,古人的体质也开始了分化。

第三阶段为新人阶段,又称晚期智人阶段。新人化石在体态上与现代人几乎没有什么区别,其打制的石器相当精致,器形多样,各种石器在使用上已有分工。新人甚至已会制造装饰品,进行绘画、雕刻等艺术活动。此后,人类便进入了现代人的发展阶段。

南方古猿

    南方古猿生活在距今150万年前的非洲大地上,是人类进化史上的重要角色。这些南方古猿有可能已经会使用工具,并且能够直立行走,身高一般在1.45米左右,雄性的体重比雌性要大,而脑容量只是现在人的三分之一那么大。

    南方古猿在进化中分为粗壮型的、纤细型的。粗壮型的南方古猿已有臼齿的产生,以水果、块茎、坚果和纤维性的植物为食。虽然脑容量比较小,也就是脑子不够聪明,但是简单的社会关系已经开始慢慢形成了,并且掌握了一些简单的工具,石器开始慢慢地进入了人类的历史舞台。

纤细型的南方古猿生活在热带和亚热带地区，这些猿人主要是以水果块茎为食。块茎呀、野果呀不是每个季节都有的，所以食物缺乏之后开始想其他的办法来充饥，在动物的厮杀中的死掉的动物就成了他们分食的对象。这种守株待兔的好事情不是每时每刻都在上演，他们开始主动出击，猎人在庞大的森林中也随时可能成为猎物，所以开始轮流放哨，就这样，简单的社会群体开始进入人类的历史舞台。

大量的古猿开始形成原始社会的小小群体，为了更好地获得猎物和防止大型猛兽的袭击，他们开始把石头、木棒等有刺、刃的东西作为工具。天然的武器工具毕竟太少，所以为了满足生活和对抗自然的需要，一部分头脑灵光的人开始出现了，这些就是更智能的古猿进化体——能人。

能人的出现，这些族群的生产力得到了突飞猛进的发展，因为他们会自己制造工具了，大量的石器被制造出来。这些工具的出现大大增强了食物的猎取速度，有了吃的繁衍的速度也随之增加了不少。

比较有意思的是，这部分聪明的能人和之前的南方古猿有着很好的交集，在考古过程中发现，他们有共同生活的迹象，但是并未有打斗的痕迹。说来也是，南方古猿只会运用工具，而不会制造；而能人已经比较聪明了，会制造工具，这些石器来说满世界都是，只用简单的打磨就行了，所以给这些古猿一些工具，增强这个团队的战斗力，使食物更加充足，在没有什么利益冲突的合作环境下，没有战斗也是情理之中。

能人之后又出现了直立人，到了直立人这个进化阶段，人类的各种迹象开始慢慢地显露了出来。因为直立人的各种生活、生存能力非常的强，这部分进化中的人类在地球气候的不断变化中生存了下来，而能人则成为了人类进化史上的垫脚石。

北京猿人

　　北京猿人,又叫中国猿人北京种,现在称为北京直立人。他们生活在距今70万年以前的中国,也就是现在的北京市西南房山区周口店龙骨山。这些远古的北京人在这儿从70万年前一直生活到20万年前才再次离开。

　　这些北京人的额骨比较高,脑容量比较小,只有1075毫升,这也是他们不够聪明的原因;身体粗壮矮小,男的身高在156~157厘米,而女的差不多都在144厘米左右。

万灵之长的形成

直立人，自从这个群体出现以后，人类的进化开始进入了飞跃发展的阶段。大家听阿乐来讲一讲。

直立人的形态和身体器官都发生了较大的变异，更加能够适应环境。比如说后部的牙齿开始变小，相应的牙床和面部下的颌骨变小；而前面的牙齿扩大。牙齿的不断变化和摄入的食物有很大关系，这些都说明了直立人的食物已经从野果、块茎等转向了以肉食为主。

此时的直立人面部结构已经从尖嘴猴腮变得初具人形，身体也比之前的能人整体高了许多，平均都在 1.6 米，体重也长到了 60 千克。最主要的特征就是脑容量大大增加，也就是他们的整体智慧都有了很大的提高，并且开始掌握了有声语言。在能人的时候，已经开始会自主地制造工具，就是简单地把大的石块撞碎了，收集一些小的带刃用来切割东西。到了直立人的时候，他们变得更聪明了，就开始对这些石器进行加工，通过打磨使它们更加锋利。

武器有了，再加上语言的出现使得这个团队的力量得到了突飞猛进的发展。可以用语言进行沟通了，在捕猎的时候互相之间的合作开始为他们带来了丰厚的回报。肉食的增加大大地增强了他们对各种营养的摄入量，寿命也得到了相应的增加。本来茹毛饮血的直立人，被一团火焰彻底地改变了。

　　当一个雷电不经意地劈在大树上引起了大火后，这些火种就被原始的直立人收集了起来，在吃过森林大火后被烤熟的动物之后，他们再也不想吃那些生肉了。有了火，又有了大量的猎物，各种生存条件得到很大的改变后，直立人也进入了漫长的进化过程中。而这些直立人也把人类的整个历史带入了旧石器时代的初期。

冰河时期

冰河时期又叫做冰川期,是地球历史上的一次重大气温变革。此时世界上大部分地区被冰雪所覆盖,许多的动植物也因此遭到了灾难性的打击。自地球诞生以来,在漫长的历史长河中,地球上已经出现了 30 多次的冰河期。

直立人进入旧石器时代初期后,各种生产得到了较快的发展,族群也开始逐渐增大。但天公却不作美,此时的地球开始进入了冰河时期。气温急剧下降,使得热带地区不断收缩,非洲这块原本为森林的地方逐渐变成了草原,他们开始被迫迁徙。现代的考古发现这些森林中的直立人迁徙到了欧亚地区,这也是人类第一次走出非洲。在欧亚地区形成了海德堡人、爪哇猿人以及我国的北京人;而那些经过长途跋涉来到西班牙的直立人则成为了最早的欧洲人。

经过了漫长的发展,人类再一次的进化了,智人产生了。为什么直立人进化后要叫做智人而不是巨人、矮人或者超人什么的？智人,单从字面我们就能看出点儿意思。智,也就是智慧的意思,说明这些人比起直立人有了更高的智慧。在直立人的时候还是使用低级的石器工具,做工还非常的粗糙,所谓的生产力几乎为零。到了智人的时候对于工具的使用和制造有了更高的发展和进步。这时起源非洲的早期智人就开始向欧洲、亚洲以及非洲的中纬度地区不断地扩张。像丁村人、许家窑人、大荔人等就是在这一时期出现的, 我们也叫这一时期的智人为早期智人,因为在后面的几万年里出现了晚期智人。

许家窑人

　　许家窑人是中国的早期智人，因为他们的化石是在山西阳高与河北阳原的交界处，也就是现在的许家窑附近发现的，所以命名为许家窑人，距离现代有10万年之久。这些十分珍贵的许家窑人的化石是在1974年考古挖掘出来的，其中包括了顶骨11块，枕骨两块、牙骨两枚以及两万多块的石片和石器等。

　　许家窑人的头骨骨壁非常厚实，比北京人的要大，而顶骨的弯曲度也比北京猿人的要小，但是比现在的我们稍大。这些许家窑人当时的智力水平已经非常高了，开始打磨、制造新型的石器，比如利用石台的凸棱来让石器更加的锋利、尖锐等。在遗迹的考古发掘过程中出土了1000多个大小不等的石球，最大的1500克，小的不足100克。

让我们再来说一下智人

智力是生物进化的最终目标和最主要的动力来源。但是智力同样有着双面性，用得好了造福人类，用得不好就是强大的武器。

直立人走出非洲以后，经过数万年的演变在 60 万年前的欧洲逐渐演变成了海德堡人，又经过了 30 多万年的进化，海德堡人逐渐变成了尼安德特人，生活在欧洲的中东部地区。此时有了部分智慧的直立人开始了大规模的繁衍生息，并创造了他们自己的文明——莫斯特文。而随着这些直立人不断地自我演化逐渐有一部分人变得越来越聪明，智人就这样出现了。

当这些尼安德特人慢慢演化成早期智人时，非洲的智人已经发展了许多万年。当第二次和第三次的非洲智人从非洲扩张到欧洲这些尼安德特人所居住的地方时，彼此之间共存了一段时间。但是随着文化的不同和生存的竞争，两个族群就展开了最原始的战争。在晚期智人强力的武器和智慧面前，这些早期智人慢慢地退出了历史的舞台，再加上 6 万年前的小冰期使得生存环境的不断恶化，于 3 万年前早期智人被自

然抛弃了，从此消失在历史的长河中。

当早期智人被淘汰后，生活在这片大地上的晚期智人就成了地球的主角，也就是我们现在人类的祖先。

在 10 万年前来自非洲的另一部分则入侵了西欧的其他地区，他们就是克罗马农人。当时他们的文化发达程度在地球上屈指可数。在

拉丝考克斯岩洞和肖威岩洞留下了许多美丽的绘画。在使用工具上也更加的高级，随着生产力的提高，逐渐发展成为了一种独特的文明体系，那就是奥瑞纳文明。又经过了几万年，在距今 1 万至 5 万年的时间里，现在世界上不同地区的祖先就这样诞生了。比如，山顶洞人、河套人、柳江人等这些晚期智人都在此时出现了。同时人工取火的出现，彻底使人开始区别于动物。此时也到了旧石器的晚期，母系氏族的出现也开始完成了动物到人的蜕变，而当今世界的四大人种，黄种人、白种人、黑种人以及棕种人就在这一时期开始孕育。

母系氏族时期

　　母系氏族公社是以母亲为构架的原始社会的基本单位。它是由血缘家族发展而来的另一种形式，这样的母系制度是世界上任何民族都经历过的演化阶段。母系氏族公社出现在旧石器时代的晚期，之后随着新石器时代的出现逐渐被父系氏族公社所取代，人类也开始向奴隶制社会演变。

　　而我们的祖先，山顶洞人就是属于母系氏族公社下的产物。这些山顶洞人在周口店的龙骨山被发现。

　　山顶洞人虽然仍旧使用石器，但是他们已经掌握了钻孔和磨光的技术，生产力也有了很大的提高。

　　之所以叫他们为山顶洞人，和他们的居住有很大的关系。这时他们还不具备建筑能力，所以只能选择山洞作为自己的栖息地，因此又叫洞穴年代。不管怎么说，人类终于开始成为了地球上的主导生物，也开始真正成为了万灵之长。

有意思的动物发展

说起动物,小朋友都喜欢的吧?阿乐把这些动物当做自己的朋友,喜欢了解它们的习性和爱好。废话不多说了,我们一起去动物王国看看吧!

动物和我们人类一样,都是在自然的选择中一步步从低级向高级不断地转变。所谓的低级到高级就是身体的发展更趋向完美,能够长久地生活在这个自然界中;从没有智慧的单细胞慢慢地变得有智慧,就是更加的聪明,使自己在同种类或者不同种类的竞争中能更好地生存下去。

看到这个美丽的动物世界,你能把一个小小的鞭毛真核生物联系起来么?更形象一点的就是,一个人对你说,看这个小蝌蚪在经过了几

领鞭毛虫

领鞭毛虫是一种单细胞的水生动物,主要的特征就是一个小球上长了一个长长的尾巴,边上还生长了几个鞭毛触手。之所以说它的近亲是所有动物的先祖或者源头,是因为在调节和促进生物进化的就是酪氨酸激酶,而这种酪氨酸激酶基因竟达到128种之多,比我们人类在自然界中所发现的还要多出来38种。

动物界的分类方式

界:界是最大的动物单位,所有的动物界成员都是由细胞组成的,能够自由行动。

门:动物界下一级的分类单位,指具有相同的身体机构。

纲:纲是门的组成部分,它们把具有共同重要特征的动物归纳为一类。

目:目是纲的组成,这类的动物是在外形上十分相似的。

科:科是目下的分类,是具有共同生活习性的一类动物。

属:属是科的组成部分,它包括了那些有着非常近的血缘关系的动物。

种:种是一群在形体上非常相似,并结伴在野外环境下觅食、繁殖的族群。

寒武纪大爆发

所谓的寒武纪大爆发,说的是生命进化的大爆发。在距今53亿年前出现了一次地球自身大的变化,最终造成了许许多多的物种在这一时期出现,并且先前出现的低等生物也快速地进化成了比较高等的物种。正是因为这样的奇观让达尔文迷惑不解,并在书中写道:"这件事情到现在为止都还没办法解释。所以,或许有些人刚好就可以用这个案例,来驳斥我提出的演化观点。"不过此次的生命飞跃式的进化原因至今还是一个未解的科学之谜。

十亿年的进化后就是大象的模样,你能相信么?但是事实就是这样,漫长的时间长河中,一切的不可能都将成为可能。现在科学家又在自然界中找到了鞭毛真核生物的一个近亲——领鞭毛虫。

动物演变的过程是从水里到陆地的过程。在现今的化石中有一个最能表现动物的化石是前寒武纪的物产。这个化石成型于6亿年前,属于艾迪卡拉动物群。时间再向前推3000年的岩石层中又发现了海绵动物,并且出现了固态的胆固醇,更加证实了动物的起源。

恐龙时代

　　说起动物,就不得不提一下生活在中生代的陆栖脊椎动物, 也是统治了整个地球 1.6 亿年之久的庞大生物群落———恐龙。一部《侏罗纪公园》让阿乐和许许多多的人们认识了这个史前的庞然大物;在科学家的不断挖掘和复原下,一个个体形庞大的恐龙化石被陈列在许多的博物馆里,拉近了我们与恐龙之间的时空距离。

　　恐龙,为什么要叫这样的名字呢?为什么不叫大龙、巨兽呢?英国的古生物学家查理·欧文命其为蜥形纲里的一个独特部族,而"蜥蜴"的单词是"sauros",所以给这个庞然大物起的名字为"恐怖的蜥蜴",但是在翻译的过程中就逐渐变成了恐龙。

　　恐龙的起源在过去被认为是复系群,就是说水生的恐龙或者陆生的恐龙等都是由各自的祖先发展进化而来的,但是后来通过大量的化

石实验最终证明原来这些恐龙是来自于共同的祖先,但是由于受到自然法则的限制,为了更好地生存进而展开了激烈的进化竞赛。比如许多小型的食草性恐龙由于受到自己身体矮小的限制,所以为了吃到更高处的树叶就开始慢慢地学会用后肢站立;而肉食性恐龙为了更好地猎取食物,锋利的牙齿和利爪开始慢慢地被武装到了身上;还有一些为了更好地繁衍后代,得到异性的注意,开始让盔甲和犄角进化得越来越漂亮等等。恐龙世界因为自然的选择而变得多姿多彩。

自然是美丽的,因为她造就了一代又一代五彩缤纷的世界;而自然又是残酷的。自2.5亿年前的三叠纪开始恐龙始登上了历史舞台,在漫长的岁月变迁中逐渐成为了这个地球的真正主人;在6500万年前,这些统治了地球长达1.6亿年之久的恐龙王朝开始走向了灭亡。

虽然这些数量庞大、体形骇人的族群退出了历史舞台,但是它们的血脉以另一种形式存活了下来,它们就是现在我们所见到的大多数鸟类。

世界上第一种杂食性恐龙——板龙

板龙主要生活在 2.08 亿年前的三叠纪到早期的侏罗纪之间,是一种体形庞大的素食主义者,主要以植物和树叶为食,想要辨别一个恐龙是不是板龙,第一看它的体形,第二就看它后边的两条大腿。因为它是靠两条大腿直立前行的,所以两条大腿格外的粗壮。

板龙是世界上第一种巨大的恐龙,幸好它不吃荤,要不然其它的恐龙就没活路了。

板龙从头到尾的长度在 6～10 米之间,而身高在 3 米左右,体重可到 700 多千克。试想一下,如果这个样的庞然大物来到我们现在的社会,估计一辆辆轿车会被轻易地掀翻。板龙拥有这么大的身体,在行走的过程中全靠长长的脖子和尾巴来保持平衡。作为食草性恐龙,并且又长了满身的肥肉,难免受到猎食者的袭击,板龙的眼睛长在头颅的两侧,使得它的视野非常的广阔,在进食的时候可以有效地防御和警惕袭击。

随着地球环境的不断变化,这样的庞然大物慢慢地退出了历史的舞台,它的子孙雷龙、梁龙等相继出现,为这个老旧的恐龙圈注入了新的活力。

中国的大脖子——马门溪龙

马门溪龙,是生活在我国远古时代的巨大食草恐龙,因为在我国的四川马鸣溪被发现,所以就叫马鸣溪龙,但是因为口音问题就叫成了马门溪龙,这个种类的恐龙名字就这样被定下来了。这个庞大的食草动物还有一个小小的外号——大脖子。因为它在所有的恐龙中脖子是最长的,迄今为止还没有发现哪个种类的恐龙比它的脖子还长。

马门溪龙主要生活在侏罗纪晚期的中国内蒙古地区。它从头到尾长度可达到 22 米,身高 3.5 米左右,而体重则为 26 吨,脖子最长可达 9 米,快占身体长度的一半了。正因为如此,它的脖颈肌肉特别发达,并且还长了特别的肋骨来支撑这个小头颅,但再多的辅助功能也不能完全解决它脖子长为身体带来的不便,所以马门溪龙在行动的时候非常的缓慢。

恐龙杀手——霸王龙

有一个名字大家如雷贯耳，它就是霸王龙，专门以恐龙为食的残暴恐龙君主。霸王龙是已知所有的食肉恐龙中最著名的种类之一，也是食肉恐龙中出现最晚、体形最大、最孔武有力的。

霸王龙出生在白垩纪的末期，距离今天大概在6550万年前，是最大的陆生性食肉动物，这个种族的平均长度为11～12米，单单头部就长了1.5米左右。霸王龙的眼睛长在头部的前面，就像人类的两只眼睛，视野虽不开阔但是所看的东西十分清晰，它没必要看四周警惕，只要瞄准猎物不断地进攻就行了。

食肉性的它在装备上也是非常精良的，发达的牙齿、齿骨和前关节骨之间有粗大的活动韧带赋予了它强大的咬合力；再加上小腿退化、大腿发达赋予了它无与伦比的速度优势，所以在战斗中勇猛无敌。不过在6500万年前的白垩纪－第三纪的大破灭中永远地离开了历史舞台。

恐龙中的大家族——鸭嘴龙

　　鸭嘴龙生活在1亿年前的白垩纪晚期，而这段时间所有恐龙不管是种类还是数量都达到了最高峰。这些以植物为食的鸭嘴龙成为了整个恐龙社会里的最主要成员和组成部分，75%这个比率可以充分说明鸭嘴龙在恐龙世界里的地位。

　　鸭嘴龙的数量庞大，分布的区域也十分的广泛，比如亚洲、欧洲以及北美等地均有发现，在我国的内蒙古、宁夏、黑龙江等地也发现了不少它们的化石。

　　鸭嘴龙的吻部由于前上颌骨和前齿骨的延伸和横向扩展，构成了宽阔的鸭状吻端，所以我们就叫它鸭嘴龙。鸭嘴龙的后肢比较发达，前肢相对弱小，最大的鸭嘴龙长15米左右，一般的都是在10米左右，身高5~6米。在鸭嘴龙的族群里又可以分为鲜明的两个阵营，一个是光头的平常恐龙，另一个则是头顶长满了各种形状棘或棒形突起，鼻骨或额骨变化较多的栉龙类。

在我国发现的著名的鸭嘴龙为棘鼻青岛龙,这种恐龙头顶棘鼻状的顶饰,身长 6.62 米,高 4.9 米,就像一个可爱的独角兽。

而我国的另一恐龙明星就是巨型的山东龙,高 8 米,全长 15 米,是光头的无顶饰的鸭嘴龙代表。

移动武器库——剑龙

剑龙是生活在侏罗纪晚期的食草性恐龙，它的生活范围也比较广泛，如欧洲、北美、东非以及东亚等地都留有它生活过的足迹，它身长一般在 4～9 米左右，高在 1.5 米左右。与其说它是恐龙，倒不如用移动的武器库来形容它更为恰当。作为食草性的恐龙本身没有什么攻击力来保护自己，为了防止其它猎食者的袭击，就进化出了一身武器。

剑龙是一类恐龙的统称，细分的话又有几个不同的分支，比如装甲剑龙，浑身背着许多的板状物和尾巴上大大的四柄巨剑，以此来防御敌人的攻击。而狭脸剑龙从脊椎上进化出了一把巨剑，远看像是背着一个大锯子一样。还有许许多多的剑龙都是通过在身上长出不同的武器来保卫自己。

恐怖的食草龙——三角龙

　　三角龙出生在白垩纪晚期，被称为白垩纪的恐龙代表作之一。之所以叫它恐怖的三角龙，是因为它和其它的食草龙有着本质的区别：其它的食草龙在面对掠食者的时候只有拼命地逃跑以此来保护自己，也是被掠食者唯一出路；而三角龙则不同，看看它的长相，头上长着三个大大的尖刺，以此来和大型的肉食性动物进行战斗，这也是开食草性恐龙的先例，对于这个庞大的家伙许许多多的人都十分喜爱它。

　　三角龙是一种大小适中的四脚着地的食草恐龙，身长在 6 米左右、高 2 米左右，体重在 0.1～1.2 吨。这个恐怖的家伙最引人注目的就是它头上的一个大盾牌和三根角，我们现在见到的犀牛、驯鹿等的角都是角质，而三角龙的角则是实心的骨头，也就是从身体内直接把骨头长到头颅的外边，可见杀伤力有多大了。即使一个成年的霸王龙来了也不敢轻易招惹一个成年的三角龙。

"龙"击长空——翼龙

在这个满世界都充满恐龙的年代,就连天上飞的都是恐龙。这些飞翔在天空的恐龙生活在晚三叠纪到白垩纪末, 和我们所认识的鸟类有很大的区别——它们没有羽毛,飞翔所使用的翅膀是由皮肤、肌肉以及与之相连的软组织构成的,和蝙蝠的差不多——这就是翼龙。这些翼龙有大有小,大可两翼展开有十几米左右,相当于一个小型飞机;而最小的翼龙翅膀展开才25厘米左右,就相当于我们现在经常见到的麻雀一样。

这些翼龙是以卵生的形式进行繁衍生息的, 它们原属于爬行动物,但是为了满足飞行的需要,开始不停地进化,而最终的结果是,为了满足飞行需要骨头许多都是中空的,胸骨和头骨变得十分发达等。在白垩纪末灭绝事件中是唯一幸存,并保留了一点火种的恐龙。但最终因为不适应环境的变化退出了历史的舞台,当我们看到满天飞舞的小鸟时,我们就看到了数亿年前的它们。

空中健将

短飞冠军——游隼

　　游隼在鸟类中是一种体形比较适中的猛禽，长相在鸟类中并不出众，但是因为它超快的飞行速度，被人类评为鸟类中的短飞冠军。游隼在捕猎的时候先让自己的身体飞向高空，然后从高到低开始俯冲，速度在最高时可以达到389千米/时。虽然拥有这么高的飞行速度，但它的耐力不行，如果在长时间飞行时速度只有75千米/时。所以我们只能叫它短飞冠军。

游隼长着一对善飞的翅膀，形状长而尖，两个翅膀展开有 95～115
厘米；体重大概在 0.5～1 千克，作为鸟类它的寿命不算长，最长可活
16 年之久。游隼整体看起来就是一个灰扑扑的大鸟，但是仔细看的话，
会发现它原来也是蛮漂亮的。游隼的头顶和脖子上长着石板蓝灰色的
羽毛，还会有许多棕色作为点缀；背部和两肩上长着许多的黑色斑纹，
而翅膀尖上点缀着一些淡淡的蓝灰色；腹部多为白色，也有少部分的
灰色绒毛作为点缀。因为身上太多的灰色、黑色，所以远看就一个大灰
球了。

　　游隼一般生活在山丘、荒漠、海洋以及河流、沼泽等地区。除了两极地区外在世界的各地都能看到它的身影，这和它的生活方式有很大的关系。游隼（以及许多的隼类）以其它的鸟类为捕食对象，没有一身好本领当然是不行的，所以在长时间的锻炼和进化下，就形成了它无与伦比的速度了。它的主要捕食对象是野鸭、鸽子、乌鸦等许许多多的小型飞行鸟类，偶尔也会捕食一些老鼠、兔子等。

　　游隼一般在每年的4~6月份进行繁衍。游隼一般把自己的爱巢建在山崖峭壁、林间空地或者丛林之中，它们会用羽毛、杂草等作为铺垫，把自己的小窝布置得舒舒服服的，每次能产下2~4枚隼蛋，在将近一个月的孵化后，新一代的短飞冠军就产生了。

百鸟之王——孔雀

孔雀俗称凤凰、百鸟之王。古称孔爵、孔鸟，是世界上价值极高的珍禽之一。目前世界已定名的孔雀仅有两种：印度孔雀(亦称蓝孔雀)、爪哇孔雀(亦称绿孔雀)。白孔雀是印度孔雀的变异。孔雀是一种吉祥鸟，在传统文化中是"吉祥鸟"和"真善美"的化身。它象征善良、美丽、华贵、吉祥、爱情。它和人类有着历史渊源，从古到今，孔雀在艺术、传说、文学和宗教上久负盛名。

人工饲养的孔雀在零下30多摄氏度都能正常生长。孔雀尤喜在靠近溪河沿岸和林中空旷的地方活动，在活动地区附近一般都有耕地，不

见于繁密的原始森林内。单独活动少,多见一只雄鸟伴随三五只雌鸟(有时有幼龄鸟)组成小群。

孔雀开屏是类似鸟类的一种求偶表现,每年四五月生殖季节到来时,雄孔雀常将尾羽高高竖起,宽宽地展开,绚丽夺目。孔雀开屏也是为了保护自己。在孔雀的大尾屏上,我们可以看到五色金翠线纹,其中散布着许多近似圆形的"眼状斑",这种斑纹从内至外是由紫、蓝、褐、黄、红等颜色组成的。一旦遇到敌人而又来不及逃避时,孔雀便突然开屏,然后抖动它"沙沙"作响,很多的眼状斑随之乱动起来,敌人畏惧于这种"多眼怪兽",也就不敢贸然前进了。

长途之王——北极燕鸥

　　天生的飞行王者,勇敢的基地斗士,强大的团队意识,是谁能有这样的美称? 它就是北极燕鸥,一年之内飞行 7 万多千米的距离,如果这个概念让你迷惑的话,那就用另一种说法,它一年之内往返于地球的北极和南极两端,并且走的不是直线,这样我们大家就有一个初步的印象了。

　　北极燕鸥是一种体形较大的海鸟,体重大概在 90 克到 2 千克之间;身长 40 厘米左右,而两个翅膀伸开可达 85 厘米左右;全身的羽毛呈灰白色,并且长着红色的脚丫和嘴巴;从头顶开始颜色较深呈黑色,到脖子和肩膀就开始慢慢地变成灰色了。比起其它鸟类来说,北极燕鸥则是一个长寿鸟,基本上可以活 25 年,而它们的主要食物是鱼类以及甲壳动物等。

　　北极燕鸥是一种季节性的海鸟,多出现在北极的附近地区。而它繁殖的地区则分布的比较广,但大致都在北极和北极附近地区。北极燕鸥是值得尊敬的生物,为了追逐光明它们不辞万里往返于南极和北极之间,虽然现在人们制造了飞机,但是要飞越两地也是很不容易的事情,何况这种小小的海鸟。两个极地一段时间内要么全是白天、要么全是黑夜,而北极海鸥总在两个极地的白昼时间生活,所以它也是唯一一种只生活在光明中的鸟类。

　　每当北半球进入夏季的时候,它们开始在此地繁衍生息,当冬季降临的时候它们就会沿着海浪不远万里地飞过海洋来到遥远的南极洲,在这儿它们又开始过起了夏天,它也是唯一一种一年

能过两个夏天的鸟类。在短短的 25 年生命里,飞行可达 100 万千米以上。

鸟类的求偶一般都是雄鸟通过漂亮的羽毛、动听的歌喉或者美丽的舞姿来吸引雌性,而北极燕鸥的雌鸟比较喜欢实在的东西,那就是捕食能力,也就是养家糊口的能力。到了六七月份的繁殖期,雄鸟就会把捕到的猎物(小鱼)叼在嘴里来吸引雌性的注意,而雌鸟就依据这个来判断雄鸟的捕食能力有多强,如果可以就上前向雄鸟索要食物。捕猎对于雄鸟来说也并非易事,所以只有见到钟情的才会把自己的食物分给雌鸟,这样就成了幸福的一家。但是更大的考验开始等待雄鸟了,婚后雌鸟产完蛋后,为了保卫自己的孩子鸟妈妈必须留下来照看,寻找食物的重任就全部落在了雄鸟的身上,若果雄鸟没有真本事的话就会被抛弃。

对于北极燕鸥来说,它不仅是长途跋涉的冠军,而且还是一个勇敢的天空行者,在大是大非面前总是能够看得明白。北极海鸥在邻里

之间总是会为这样或那样的问题而互相争吵，但是在强敌入侵的时候，总是能够摒弃前嫌共同合作。狐狸、貂以及北极熊都是它们的天敌，常常以它们的蛋和幼崽为食物，为了更好地保护自己的孩子，这些北极燕鸥就成千上万地集结起来，共同守护自己的孩子。当外敌来偷吃它们的幼崽和蛋时它们就会一块飞下来用坚硬的喙猛啄它们。好汉的一拳也难敌四手，更何况一双爪子要对付千千万万个利嘴，所以这些捕食者一旦被发现只能悻悻而逃。

　　飞行的冠军、白昼之鸟、勇敢之鸟，就是这样值得我们学习的鸟类却因为地球冰川的大量融化而濒临灭绝，所以为了人类自己生存的家园，也为了鸟类的生存我们要好好保护环境。

搏空者——天鹅

天鹅，一种集高贵、圣洁、忠诚、美丽于一身的鸟类，同时也是爬高冠军。之所以说它是爬高的冠军，是因为它飞过世界的屋脊——珠穆朗玛峰，高度可达9千米以上。

天鹅生活在亚洲、北欧、格陵兰以及中欧等地区，是一种冬季性候鸟，喜欢在湖泊和沼泽中生活。天鹅浑身洁白、体形较大、脖子修长、嘴基部高而前端缓平，眼睑裸露；尾短而圆，尾羽20～24枚；蹼强大，但后趾不具瓣蹼。

天鹅非常喜欢有水的地方，因为这里会给它们带来许多丰富的食物，比如湖泊、沼泽、水塘等等。每年的三四月份它们就开始从南方飞向北方，经常在我国北方边疆省份进行繁衍后代。在飞行和迁徙的过程中，这些大鹅总是以6～20只不等的数量排成一字形或者人字形进行飞翔。到了北方后基本就是5月份，这时一对天鹅开始产蛋，进行孵化。

天鹅的爱情就是标准的一夫一妻制，也就是说一只天鹅在一生中只有一个配偶，如果中途有一只不幸身亡了，另一只天鹅也会很好地守节，终身都是独过。当雌天鹅生下天鹅蛋后，雄天鹅一边为雌天鹅寻找食物，一边还要担当起守卫的工作，一旦遇到危险就要第一时间冲上前去保护自己的妻子和孩子。当成功击退侵犯者后这些雄天鹅会发出很大的鸣叫声，以此来庆祝自己的胜利。

　　天鹅平均每年产一次蛋，而每次在6枚左右，当这些幼崽被孵化出来后几个小时内就会奔跑和游泳。经过爸爸妈妈几个月的悉心照料这些小天鹅慢慢地长大，小时候的天鹅羽毛呈灰褐色，当两年后长大成熟就变成了洁白的大天鹅了，三四年才能达到性成熟，这时候它们就开始寻找配偶来组建新的家庭了。

空中霸主——金雕

金雕，一种大型的鹰科猛禽，在整个北半球都享誉盛名。它庞大的外形以及非常厉害的捕猎能力，站在鸟类金字塔的顶端。主要以大中型的鸟类和兽类为食物，比如雁鸭类、雉鸡类、松鼠、狍子、鹿、山羊、狐狸、旱獭、野兔等等，有时也吃鼠类等小型兽类。经过驯化的金雕可以斗得过草原狼，当它大战草原狼的时候，一个爪子抓住狼的脖子，另一个爪子攻击狼的眼睛，最终使狼丧失反抗能力，并把其肢解，成为自己的口中餐。

金雕身长可达 102 厘米；两个翅膀展开有 2.3 米长；体重在 2～6.5 千克之间。金雕的腿上全部被羽毛覆盖，三个脚趾向前，一个脚趾向后，脚趾上长着锋利的角质利爪，内趾和后趾上的爪更为锐利。它的爪能够像利刃一样同时刺进猎物的要害部位，撕裂皮肉，扯破血管，甚至扭断猎物的脖子。巨大的翅膀也是它的有力武器之一，有时一翅扇将过去，就可以将猎物击倒在地。

金雕的头顶是黑褐色的，到脖子处为赤褐色，上体成暗褐色，背部和肩上常有亮紫色作为点缀，羽毛上也常会出现灰褐色或赤褐色的浅色斑点，而翅膀内侧会出现灰白色，同时也有灰褐色等其它的斑纹进行搭配,整体看就是一只灰色的大鸟。

　　金雕经常以小群体出现,最多的会有 20 来只形成大群一块围捕猎物。金雕比较喜欢在草原、荒漠以及河谷等比较高的地方活动,而休息的时候就窝在比较高的大树上。它们喜欢在针叶林上筑巢,有时也建在山崖、峭壁等地的石洞或石缝中。为了以防巢穴出现意外因素,它们会多建几个巢作为备用,一个金雕最多可建 12 个巢穴。

　　巢穴建好后,在 2 月份金雕开始寻找配偶进行繁衍后代。一对金雕一次会产 1~3 枚蛋,经过 45 天的孵化后小金雕就诞生了,3 个月后开始长毛,80 天后成为空中的又一猛将。金雕的存活率是非常低的,几只小金雕中能存活下来的只有一两只, 如果小金雕幼年时窝中缺少水或者食物,大一点的就会欺负小一点儿的,严重的就是小的被大的啄的满身是伤或者死掉。再加上大金雕的放逐式训练,能够存活下来的都是强者,这也是金雕能站在鸟类金字塔顶端的原因。

陆地霸主

移动的庞大家族——狮子

阿乐对动画片《狮子王》印象深刻,很想多了解一下狮子。

狮子,一种大型的猫科动物,它能成为动物之王和它的战斗力有一定的关系,但是更多的是集体的力量,才让它坐上了王的宝座。

狮子在猫科动物中是进化最高的一种,也是唯一一种群居的猫科动物。它喜欢和同类住在一起,除了交配的季节外。

雄性的狮子,平均身体长度在1.8~2.5米之间,尾巴长1米左右,体重在180千克左右;而雌性狮子的个体一般有雄性的三分之二左右。狮子浑身长着浅灰、黄色或者茶色的短毛,而雄狮子和雌狮子外形的最大区别除了大小外,就是雄性狮子在头顶、脖子以及胸上长着长长的鬃毛。雄狮予的身上之所以长着这么多的鬃毛就是为了吸引异性，它们长得越长、颜色越深就越能取得雌性的关注。 狮子的头部巨大，脸型颇宽，鼻骨较长，鼻头是黑色的，耳朵比较短，耳朵很圆;狮予的前肢比后肢更加强壮，它们的爪予也很宽;狮予的尾巴相对较长，末端还有一簇深色长毛。它的主要食物就是肉。

狮子除了庞大的体形、锋利的爪予和牙齿为它成为王者奠定了基础外，还有另一个重要的因素，那就是生活方式。狮予喜欢群居，一般有20～30个成员，由一个成年的雄狮和连续几代的雌狮以及狮子宝宝们组成;这样的组成是一个小型的狮群，再大一点儿的就是由几个这样的狮群组成一个大的群落，一般这些群落都有一定的关系，那就是每一个小群落的成年雄狮之间一般是兄弟关系。在动物界中体形如此大的肉食者本身就没有什么天敌了，再加上一个这么庞大的家族，所以成为动物之王也在情理之中。

以前的狮子几乎在所有的生态环境中出现,但是随着人类文明的不断发展,它们的生存环境相对越来越小。它们喜欢在草原上生活,有时也出现在旱林和半沙漠地带,而它们大多分布在非洲各地、南亚和中东地区。可惜的是人类的大肆入侵现在只有印度的吉尔有狮子以外,在亚洲的其他地方已经看不到亚洲狮子了。

在狮子的生活中,领地意识是非常明显的,如果领地内的食物比较充足,它们就会把自己的领地缩小,一般在 20 平方千米;而一旦出现猎物匮乏,就用自己的牙齿和利爪来开疆扩土,最大可达到 400 平方千米。狮子从出生到长大成年要经过 5 年的时间,雄性的狮子一旦长大就要挑战狮群中的国王来取得新的王位,以此来取得交配权和统治所有狮子的权力。而长大后的雌性狮子大多数情况下留在狮群中,也有个别的被驱逐加入新的狮群。在狮子的世界里竞争是非常激烈的,一旦发现领地内出现外来者,在警告无效后就会出现生死斗,在无数次的战斗中能够带伤逃走的非常少,大部分情况下都会是一方倒下为止。

狮群捕猎的范围很广，其中包括羚羊、狒狒、水牛、河马以及斑马、野猪等等。狮子虽然是动物王国金字塔顶端的角色，但是捕猎比不上老虎、豹子等。它对捕猎过程中的细节总是注意不够，比如在偷偷接近猎物时自己的位置是在上风口，而身上的气味就会随着风被下风位的动物闻到，捕猎就落空了；而作为这个庞然大物，却长了一个小小的心脏，急速冲刺后如果不能够一击必杀，就只能看着猎物逃跑，因为小心脏长距离奔跑会有猝死的危险。不过它们也有自己的拿手专项，雄狮子的突然袭击，而雌狮子则是围猎，效果异常地好；还有一种就是欺负弱小，比如豺狼、猎狗得到食物被它们看到了，就会上去用武力进行抢夺。

雄性狮子大多数情况下是十分安逸的，也基本上不怎么捕猎，但还是得到母狮子的尊重，每次母狮子围猎回来后都让雄狮先享用食物，然后就是有权威的母狮子，接着才是狮宝宝们。一个雄狮一次进食三四十千克的肉以后可以一周不用吃任何东西，整天只用晒晒太阳吹吹风就行了。但是同样也有它自己要干的事儿，那就是不停地迎接挑战，当其它族群来犯时，或者自己族群内的幼狮长大时的挑战，胜利了还好说，失败了等待它命运的只有死亡。自然是平等的，付出和回报是成正比的，短暂的安逸是拿命拼出来的。

单挑之王——老虎

　　老虎,世界上最大的猫科动物,也是战斗力最强的猫科动物,狮子在它面前也不堪一击。老虎因为单体攻击比较厉害,在动物界里可谓打遍天下无敌手,所以被人们称为"百兽之王"。

老虎的体形比较大，最大个的东北虎可达 3 米多长，体重达到了300 多千克，比狮子的身长和重量要多出来将近一倍，所以在单挑上占了绝对的优势。老虎的体毛有浅黄色的，也有橘黄色的，不尽相同。在它们庞大的身体上长着深棕色或者黑色的条纹，而肚子上的颜色较浅，一般是白色或灰色。虎的头骨滚圆，脸颊四周环绕着一圈较长的颊毛，这使它们看起来威风凛凛。雄性虎的颊毛一般比雌性长，特别是苏门答腊虎。虎的鼻骨比较长，鼻头一般是粉色的，有时还带有黑点。它们的耳朵很短，形状如半圆，耳背是黑色的，中间也有个明显的大白斑。虎的四肢强壮有力，前肢比后肢更为强健。它们的尾巴又粗又长，并有黑色环纹环绕，尾尖通常是黑色的。庞大的身躯和强大的四肢赋予了它无与伦比的战斗能力。

老虎和狮子的主要区别就是生存环境,这也是看不到它们相互战斗的原因。狮子喜欢在广阔的草原上,热带雨林对于狮子来说几乎是不踏足的,而老虎恰恰喜欢在这样的环境中生存,它们喜欢在山地和雨林之中,也常出现在山脊或者矮林灌丛、岩石丛中等,因为这些地方非常有利于它们捕食猎物。

　　老虎是标准的独居类猫科动物,除了在交配的时候以及自己未长大的时候才会几只老虎一块出现,其他时候老虎都独自生活,并通过爪印、分泌物等来标注自己的领地;对于雄虎来说一旦有入侵者就是一场激烈的生死搏斗,直到杀死对方为止。而对于雌虎来说就不是那么严了,它不会主动去开阔领地,即使邻近的老虎死掉了,雌虎也不会主动去开疆扩土。老虎的活动范围比较大,一般在 500～900 平方千米,最广的可达 4200 平方千米。它们主要以野猪、水鹿、野马等动物为主要的捕猎对象,每次的进食量在 17～27 千克不等。

　　老虎在狩猎方面也是一个大行家，它厚厚的脚掌可以减小潜伏的声音，并且超强的突袭速度和跳跃距离为捕猎增加了很高的成功率，一般情况下，老虎的跳跃距离在 5~7 米之间。老虎在捕猎的过程中异常小心谨慎，先是找东西掩护潜行，接着慢慢靠近，当距离足够近的时候利用自己的跳跃能力攻击猎物的背部，并用嘴巴咬断猎物的咽喉令其窒息，这时才开始慢慢享用食物。

　　老虎喜欢在白天休息，到夜幕降临后就开始有所行动了。它们喜欢在植物浓密的水边生活，一来是这里的猎物多，二来它们非常喜欢水，并且个个都是游泳的能手。

　　每年的 11 月到次年的 2 月之间，老虎们就会开始交配，小生命在雌虎的肚子里 105 天左右就可以出生了。每个雌虎一次可以产 1~5 只小老虎，经过两三年的成长，它们就可以自立门户了。老虎的寿命一般在 25 年左右。

　　老虎一般分布在亚洲的各个地区，比如俄罗斯远东地区，印度森林，中国的小兴安岭和长白山地区、华东、华南以及朝鲜半岛等地。传统的 9 个亚种，现在有 3 种已经灭绝。

水中王者

潜水冠军——抹香鲸

现在世界体形最大的动物是谁？阿乐告诉你，就是海洋中的抹香鲸。它是海洋中出了名的潜水冠军，因为它一次潜水最长可达 2 小时左右，并且所潜水的深度竟然高达 2200 米左右，所以"冠军"一词非它莫属。

抹香鲸是齿鲸里边最大的一种，长着一个大大的头颅，就像一个鱼头上长着一个大冬瓜，占据了整个身子的三分之一，在距离很远的地方观看抹香鲸就像一个放大版的蝌蚪，正因如此所以许多人叫它"巨头鲸"；它的身长一般在 10～20 米之间，雌雄之间的差异是比较大的，一般雄性抹香鲸比较大，平均比雌性要长出来 4 米左右；有这么庞大的体积，重量也是很可观的，最重的可达 25 吨左右，所以在海洋中几乎没有天敌。它和陆地上大象有点像，自己不去欺负别的食肉动物，一般的食肉动物也不会主动侵犯这个让人看着就头痛的家伙。

　　这么庞大的抹香鲸却是一个天生的残疾。它和其它的鲸鱼不同，从一出生就有一个鼻孔是坏的。抹香鲸的鼻孔在头部前方的两侧，左边的自打出生就不能用，所以它游出水面进行呼吸的时候身体总是偏右。　它进化出了一个喷气孔，每次排气都会带来巨大的水柱，就像一个大的喷泉。抹香鲸的喷气孔位置和其它的鲸鱼有很大的区别，其它鲸鱼的喷气孔在头部正中央，而抹香鲸的喷气孔长在头部偏左的位置；和其他鲸鱼还有一个不同点是，别的鲸鱼有一个输气管，而它有两条。凡事有利有弊，正因为抹香鲸的这个属性使得它不能够用嘴进行呼吸；而好处也是很多的，比如它在吃东西的时候不会像其它的动物一样被东西呛着，在潜水行驶的时候可以直接用喷气孔进行呼吸不会影响它的狩猎速度。

鲸鱼在我们的常识中是一个皮肤很好的家伙，但是抹香鲸却是一个异类，它庞大的身体上因为脂肪的堆砌会在后端产生许多大小不一的褶皱。抹香鲸巨大的头颅上长着大大的上颌，而下颌相对就比较短，并且狭窄，但是就这么短小狭窄的下颌骨骼十分坚硬并长着 20 多厘米长的牙齿，而上颌是没有牙齿的。

抹香鲸的生活地点十分的广泛，只要是不结冰的海域基本上都是它生活的地点，在资源丰富并且海水深度较深的地方常常会出现它的身影。

抹香鲸是一种喜欢群居的海洋动物，它们常常以几头或十几头为单位常年在一块生活。这个小团体的组成部分就是雄鲸鱼、雌鲸鱼以及自己的孩子们；还有一种情况就是成年的单身汉部落；而这些许许多多的小家族也可以互相结交形成一个两三百头的庞大群落。北半球的鲸鱼交配时间一般在 1~7 月之间，在 4 月左右达到高峰；而南半球则在 8~12 月之间，一般集中在 10 月左右。鲸鱼生孩子是十分不易的一件事，每胎过后要经过四五年后才能再次生孩子；而怀孕时间最少也在一年以上，最长的高达 18 个月。当鲸鱼宝宝出生后就开始了长达两年之久的哺乳时期，到 9 岁后就可以成年了，同时也到了性成熟的时候了，这样它们就可以离开自己的群落加入和自己年龄差不多的单身汉部落了，也有长大了不愿离开家人的，但是最迟在 21 岁的时候就必须离开自立门户了。在长达八九年的时间里，雌鲸鱼会带着自己的孩子生活在深度 1000 米左右的海域里。鲸鱼也是高寿的一大族群，它们一般寿命在 70 岁左右，高的可达一百多岁。

抹香鲸的游速同样十分惊人，通常情况下它们会以每小时 3~5 海里的速度在海洋中畅游，一旦它们受到外界的惊吓速度可达每小时 12

海里；而它的听觉非常的灵敏，这些都为它的捕猎活动带来了很大优势。抹香鲸的捕食对象一般是大型的乌贼、章鱼、虾蟹等等，每天所消耗的食物大概是自己体重的 3%。如此大的食量，当然有许多的海洋生物就要遭殃了，对这个大块头反抗是无用的，所以只要见到抹香鲸的到来，动物们只有逃了。至今这个庞然大物还嚣张在不同的深海海域。

海洋杀手——大白鲨

阿乐很想多了解些大白鲨的知识。

大白鲨，人们又叫它白死鲨或者食人鲨。在海洋中它虽没有鲸鱼庞大的体积，但是它强大的杀伤力和无与伦比的团队协作能力使它夺得了海洋杀手的称号。

大白鲨身长一般在 4.5 米左右，最长可达 6 米；体重超过 3 吨；长着一个新月形的尾巴；它的皮肤并非像人们所想象的那样披着一身鳞片，而是长满了一身倒刺物，就像被裹上了一层大纱布，其它鱼类只要被它撞一下就皮开肉绽。大白鲨的皮肤一般情况下呈灰色，也有淡蓝色

和淡白色的；背部和腹部的颜色十分的明显，腹部一般呈乳白色，体形越大的鲨鱼浑身的颜色越浅。

大白鲨最主要的杀伤性武器就是它嘴中的满口牙齿，这些牙齿的长度一般在10厘米左右，并且背面有倒勾，一旦猎物被咬中很难从中逃脱。它神奇的地方是在捕猎过程中一旦坏掉后边的牙齿就会把其替换，也就是说大白鲨拥有源源不断的牙齿武器为其提供强大的武装力量。在大白鲨的生命中平均有三分之一的牙齿都在生长过程中。

大白鲨是少数的半恒温动物，体温一般保持在 23～26℃之间，

这样大大有利于它在水下活动,并且还有助于食物在体内的消化,为它提供源源不断的动力支持。大白鲨的感官也是非常灵敏的,它没有外耳,只有两个小小的内耳位于头颅的两侧,并且用两条小小的导管连通头顶的感觉控制,它所收听的东西不单单是声音,还有声波震动,方圆两千米以内的所有动静都会被它捕捉。大白鲨的嗅觉也是异常灵敏的,一千米内的血腥味儿都会被它所捕获。大白鲨是一个比较好奇的动物,经常把头部伸到水面以上来观察猎物,而把身子垂直的技能也是它独有的技能。对于新鲜的事物大白鲨和我们人类都充满了好奇,但它是用自己的嘴巴和牙齿来熟悉。

大白鲨分布在热带、亚热带以及温带海域，在澳洲海域最为常见。它们个个都是游泳的健将，经常在水面休息，喜欢在 3～300 米的水深处活动，不过有时候也会潜到 700 米以下的水深处。

　　大白鲨最喜欢捕食海豹、海狮，有时候也会捉一些海豚或者吃一些鲸鱼的尸体和其它同类的尸体。鲨鱼纯粹一个杂食主义者，在剖开的鲨鱼胃中发现了大量的瓶子、罐子、煤块、龙虾等等，这就是它大胃口的很好证明。大白鲨是卵生动物，每次产卵 5～10 个，小白鲨孵化出来后就有 1.5 米长，重 22 千克，它们一出生就开始跟着家长们学习捕猎，一个个天才的海洋杀手就这样出现了。

　　这个凶猛的海中杀手,处于海洋生物的金字塔顶端,基本上没有什么天敌,唯一大过它的鲸鱼也很少对这个凶悍的家伙进行攻击。就是这样凶悍的家伙却逃不过人类,因为它的牙齿和上下颚有很大价值,所以常常成为了偷猎者的目标。现在的大白鲨正在急剧减少,在世界上许多地方也受到了重点保护。

另类豪杰

水陆清道夫——鳄鱼

鳄鱼,迄今为止世界最古老的族群,它的祖先和恐龙一个时代,强大的适应能力使它最终战胜了天灾从而得以存活至今。鳄鱼虽然被赋予了鱼的称号,其实它并不是鱼,而是一种强大的爬行动物,之所以说它是鱼,最主要是受它的生活习惯所影响。

鳄鱼分布在热带和亚热带地区的河流、湖泊以及沿海的海岸之中。这些家伙一个个性情暴戾,从蛋壳里爬出来就开始成为猎食者。小小的鳄鱼主要以鱼类、蛙类以及小动物为食;等慢慢地到了成年,这些小东西已经不入它们的法眼了,所以开始攻击比较大型的动物,比如野猪、野牛等,而人类有时也会成为它们的捕猎对象。

湾鳄，它是世界上现存最大的鳄鱼，全长可达 7 米，体重在 1.6 吨左右。其它的鳄鱼就比较小型点儿了，比如美洲鳄通常在 6 米左右、非洲狭吻鳄通常在三四米左右。鳄鱼也是唯一的水中和陆地上双向杀手，被冠名为清道夫的称号。鳄鱼远看就像一条压扁的大蜥蜴，浑身皮糙肉厚，所以其它动物很难对它造成伤害。鳄鱼和蜥蜴的最大外部区别就是头部，鳄鱼的头部基本上被自己的一张大嘴占去了一半，满嘴的锯齿形牙齿为其捕猎带来了巨大的便利。

　　鳄鱼在时间的长河中能够不被灭绝就是因为它强大的适应能力和猎杀能力，而进化到鳄鱼现在的这个形态本身已经非常完美了。鳄鱼有一个类似于鸟类的双呼吸系统，对于空气中的氧有非常好的利用；并且拥有所有爬行动物梦寐以求的强大心脏，正常的爬行动物为 3 个心房，它却长了 4 个，在捕猎的时候能够给大脑带来源源不断的含氧血液，为其提供强大的爆发力；鳄鱼相对其它动物比较聪明就是因为它进化出了大脑皮层，智商甚至在老虎之上。

第三章
地球之肺

植物·小·解

这是一个生机盎然的世界,阿乐带着小朋友去看看植物的世界吧!

植物相对所有动物来说是一个相当庞大的群体,在生物圈的组成中占有重要的地位。不管是一望无际的漫漫草原还是炎炎烈日的赤炎沙漠,又或者冰天雪地的南极、北极,还有那神秘莫测的广阔海洋之中都能见到它们的身影。迄今为止人们共发现了 30 余万种不同的植物类型,这个庞大的族群在自我生存的过程中为我们带来了源源不断的食物,这也组成了地球上所有动物生存的重要基础。

对于植物的解释更直白一点就是,所谓的植物就是通过光合作用把无机物转化成有机物的一类自养型生物,同样它也是生命形态的重要体现。在植物的世界里可以分为种子植物和孢子植物。动物之所以要依靠植物才能生活,最主要是因为动物身上没有叶绿素,这是植物的独享技能。缺少了此类物质动物就不能进行光合作用,就得不到自身发展所需要的有机物质。而对于植物来说这些恰恰是它们专业技能在满足自身需要的同时,并且能够生长出多余的有机物质的副产品——氧气,可源源不断地提供给动物以及我们人类。

小知识

孢子植物：孢子植物是能够产生孢子细胞的一类植物的总称，这些孢子可以通过发育生成一个新的个体。比如藻类植物、地衣植物以及苔藓、蕨类植物等等。

种子植物：种子植物是植物界中进化比较高等的一个族群，它们主要的特征是：体内有维管组织——韧皮部和木质部；能产生种子并用种子繁殖。种子植物可分为裸子植物和被子植物。裸子植物的种子裸露着，其外层没有果皮包被。被子植物的种子的外层有果皮包被。

光合作用：是植物、藻类和某些细菌，在可见光的照射下，经过光反应和暗反应，利用光合色素，将二氧化碳(或硫化氢)和水转化为有机物，并释放出氧气(或氢气)的生化过程。

海洋植物

海洋植物就是在海洋中生长的能进行光合作用的自养型生物。从低等的无真菌细胞藻类到高等的种子植物应有尽有，但是在海洋中最重要的组成部分是藻类植物。在形体结构上海底植物也异常的复杂，比如有个体大小 2～3 微米的单细胞金藻，也有长达 60 多米的多细胞巨型褐藻；有简单的群体、丝状体，也有具有维管束和胚胎等体态构造复杂的乔木。在海洋中的所有植物都叫做海草。

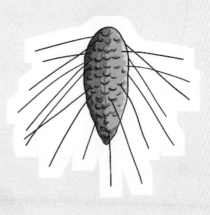

海洋中的海藻繁殖能力特别强，即使在鱼类大量吞吃和人类大量的捕捞下发展势头仍旧旺盛。海洋里的植物和陆地上的植物基本上一样，都需要阳光，一旦离开就不能生存。海洋里的植物一般生活在浅海区或者深海的前海层，因为太阳光在照射进海水时会被慢慢地吸收，到了深海的海底就成了一片黑暗，植物在这样的条件下是无法生存的。

大海藻

　　海洋中最大的海藻是多细胞的巨型褐藻，它是构成海底森林的重要组成部分，主要生活在冷海海底，而热带海域是不容易看到它们身影的。在此类的海藻细胞中存在大量的褐色素，所以看起来整体颜色就变成褐色的了，然后就叫褐藻了。

　　褐藻是地球上最古老的生命体，历经 35 亿年的变迁仍旧存活不可不谓是一个奇迹。这种海藻最大可生长到 60 多米，寿命可达到 12 年之久。

金藻

金藻是海洋植物中最小的单细胞藻类,长度只有两三微米,全身成金褐色,因此而得名。主要生长在淡水区,海水中也有生长,但是数目比较少。它们喜欢在清澈并且稍冷的水里生活,所以一般情况下每年的冬季、早春和晚秋生长比较活跃。因为营养丰富所以常被拿来作为天然的原料进行人工养殖。

金藻的繁殖方式为分裂繁殖,就是一个单细胞经过分裂后生成两个新的个体,一生二、二生四、四生八、……如果分离条件满足的话,短时间内就占领整个海洋也是可能的。

海洋植物是维系整个海洋生态的主要组成部分,它们是整个海洋世界里最肥沃的草原,大量的鱼、虾、蟹、贝等也生活在海洋中。而这些又成为了大型动物的狩猎对象,就这样一层层的向上延伸组成了庞大的海洋食物链,如果这个基层断裂了,上边所有的动物都会遭到灭顶之灾。

海洋中的植物不仅对海洋的生态有帮助,而且对我们人类也有很大的作用。人类通过捕捞这些海洋植物如绿藻做成有机的绿色食品,或者加工成工业原料、制造药品等。在我们日常生活中也会常常见到海藻产品,比如海带、紫菜就是最常见的。

海带

海带，又称昆布、江白菜，是褐藻的一种。因为体内含有大量的碘、钾所以常被拿来用药和日常使用。海带的叶片呈宽带状，一般在 2～4 米之间，宽 30 厘米左右，呈褐绿色，当晒干后会变成灰褐色或者黑色，外表会附着一层白白的细盐。海带属于亚寒带藻类，是北太平洋特有地方种类。自然分布于日本本州北部、北海道及俄罗斯的南部沿海，以日本北海道的青森县和岩手县分布为最多，此外朝鲜元山沿海也有分布。之前我国的海域是没有海带的，是 1927 年后从日本引进，自大连开始养殖，然后经过不断地发展和改良，现在已经遍布中国的许多海域。

人类对海洋植物的利用随着科技的发展越来越厉害，特别是东方国家，比如中国、日本。这些东方国家拥有大量食用水藻生物的习惯，而西方相对就比较少，但是这些水藻却在最关键的时候帮上了大忙，当年爱尔兰闹饥荒的时候就是这些水中的红藻和绿藻解决了他们的燃眉之急。

在海洋中的植物大部分是孢子植物，种子植物是非常少的，主要生长在低潮带石沼中或潮下带岩石上，常见的有大叶藻、红须根虾形藻和盐沼菜，这些东西都是对人类非常有用的经济材料，可以用来建筑或者造纸，大大缓解了陆地上的森林锐减速度。

大叶藻

大叶藻是多年生的草本植物，拥有根状的匍匐茎，节上有须根；茎上长着许多分支，并且有长长的叶子，大概在 30-50 厘米左右，宽 5 毫米左右。可以入药，具有清热化痰、利水等功效。主要生长在太平洋以及北大西洋地区海滩的中潮带，在我国的辽宁沿海地区有分布。

红树林

以前阿乐和许多小朋友一直以为红树林就是由红色的树组成的,其实不然。

在广阔的海洋中, 由数量繁多的海藻植物组成了美丽的海底世界;而在陆地之上又有无数的植物为整个地球披上了美丽的彩衣,红树林成为了海洋和陆地之间良好的纽带。

红树林又叫做海底森林,主要生长在海边的海滩上,是湿地的主要组成部分。红树的高度一般在 5 米左右,当涨潮的时候它们被海水全部淹没,成为了真正的海底森林;而当潮水降落的时候又重新出现在海岸上。

红树林的主要组成部分是常绿灌木或乔木,也有草本和藤本的红树。这些灌木或者乔木长着能够起呼吸作用的呼吸根,在涨潮被水淹没的时候利用这些根进行呼吸,对于盐的吸收能力比任何独生植物都要强大,为其提供了强大的存活能力;而它们为了抗击海水的冲击,在红树长到一定阶段后就开始停止主干的生长,而是主干上生出许许多

多的支持根扎入泥土,让自己的身体牢牢地抓住大地,起到了很好的稳定作用。为了更好地繁衍生息,这些红树无所不用,它们把自己的果实留在母体上,然后进行孕育,在很短的时间内这些种子就会长到20~30厘米的长度,这时它们才会脱落,点进地下的泥土中开始扎根生长。

红树林主要分布在北美的大西洋沿岸、亚洲的沿海地区、远到南半球和北半球以及赤道地区。虽然红树林受气候的影响非常大,但是由于洋流的作用使它的生长环境超出了热带地区,这也是为什么它分布如此之广的主要原因。

红树林在生态环境中充当着重要的角色,它通过凋落的方式为海洋中的生物提供了很好的生长环境;而且对于陆地生物来说茂密的绿色以及森林所引来的许多海中鱼群为许许多多的鸟类提供了栖息之地和捕食的环境,成为了许多候鸟过冬、迁徙的中转站以及繁衍生息的场所;而另一个重要的作用就是能够有效地抵挡风浪,保持固有的海岸土地,并且还能净化海水,为人类提供源源不断的新鲜空气,在海与陆之间形成了一道坚实的绿色长城。

陆地植物

　　陆地植物就是生长在陆地上植物的总称。主要包括苔藓植物、蕨类植物以及种子植物。这类植物以茎叶类植物为陆地植物最主要的组成部分,和海洋植物比起来唯一缺少的就是藻类植物。

　　虽然现在我们看到的陆地植物形形色色,如果把它们放入海洋中等待它们的只有死亡,但就是这样的一个庞大族群,它们的先祖就是从水中发展进化而来的,也就是现在海洋的基础植物绿藻。

苔藓植物

　　苔藓植物就是没有种子的绿色植物，大部分的高度都在 2～5 厘米,它的分布十分的广泛,在世界的各个地方都能看到,它特别喜欢在潮湿的地方生长,具有较强的抗旱和耐寒能力。在人们的生活中也经常能够看到,比如家里潮湿的井口或者森林中都可看得到,具有很高的观赏价值和使用价值。它在大自然中充当了很好的纽带作用,它会为土地牢牢锁住水分，并且让营养物质在森林里的植物之中得到反复的循环利用。

蕨类植物

　　蕨类植物是泥盆纪时期的植物,因为强大的适应能力和生命力,在经过了漫长的岁月后就存活在我们现在的这个世界里。水是它们生活中最主要的组成部分，它们通过水在自己身上的不断循环来演化出不同形式的形形色色的植物世界。主要靠孢子来繁衍自己的后代。

　　蕨类植物喜欢在潮湿的环境中生存，但是在许多沙地和沙漠也能见到它们的身影。它是高等植物中比较原始的一个大类,在植物中它的生命力顽强是有目共睹的,比如田地里许多杂草就是蕨类植物,普遍分布在世界上的温带和热带地区。

　　植物和其他生物一样,在生长的过程中很容易受到环境的影响,而这种受环境影响的关系也有一定的规律可循。越是高等的植物对环境的要求就越高,而低等的植物相对适应能力就比较强悍。在这个美丽的星球上比如两个极地(南极和北极),几乎看不到植物的影子,但是细细寻找的话还能看见一些耐寒的苔藓植物和蕨类植物以及海洋中的一些藻类植物,而相对高等的种子植物却很难看到的。

不同时代的植物

藻类和菌类：这些植物生成在二十五亿年前的元古代，其后藻类一度非常繁盛。

绿藻：直到四亿三千八百万年前（志留纪），绿藻摆脱了水域环境的束缚，首次登陆大地，进化为蕨类植物，为大地首次添上绿装。

蕨类植物：三亿六千万年前（石炭纪），蕨类植物衰落，代之而起是石松类、楔叶类、真蕨类和种子蕨类，形成沼泽森林。

植物灾难

　　古生代盛产的主要植物于二亿四千八百万年前(三叠纪)几乎全部灭绝,而裸子植物开始兴起,进化出花粉管,并摆脱对水的依赖,形成茂密的森林。

被子植物

　　一亿四千万年前白垩纪开始的时候,更新、更进步的被子植物就已经从某种裸子植物当中分化出来。进入新生代以后,由于地球环境由中生代的全球均一性热带、亚热带气候逐渐变成在中、高纬度地区四季分明的多样化气候,蕨类植物因适应性的欠缺进一步衰落, 裸子植物也因适应性的局限而开始走下坡路。

　　这时,被子植物在遗传、发育的许多过程中以及茎叶等结构上的进步性, 尤其是它们在花这个繁殖器官上所表现出的巨大进步性发挥了作用, 使它们能够通过本身的遗传变异去适应那些变得严酷的环境条件,反而发展得更快,分化出更多类型。

植物的生命过程

　　植物在成长过程中会吸收大量的物质, 经过一系列光合作用把大气中的二氧化碳转化成糖类,供自己生长所需,这样的植物躯体也是我们需要的建筑材料。单纯的光合作用还不足以支撑它的所有生长,就像我们人类一样,每天吃米饭也可以,但是也要吸收其他的微量元素,否则就会产生许多营养不良的疾病,就会影响生长。

植物的生命过程

植物在扎根中是通过自己身体不断吸收土地中的水分以及氮、磷、钾等重要的养分来促进自己健康的成长。植物通过光合作用消耗二氧化碳制造氧气，但是许多时候它也靠呼吸氧气来进行生长。在有光线的时候它所制造的氧气大于消耗的，所以我们就说它是造氧机；如果没有光线的情况下它就开始呼吸作用，所以在晚上睡觉要把屋子里的花卉搬出去，否则在你睡觉的时候它会抢夺你空间中的氧气。

影响植物成长的因素

1. 基因会直接影响植物的生长速度。比如大麦的生长周期是155天，而通过改变基因，在相同的环境下它们的生长周期缩短为110天。

2. 环境。这里所说的是植物生长的外部环境，比如温度、阳光、水分以及植物生长所需的养分。

3. 生物环境。植物在生长过程中单位面积里其他植物较少它就生长得比较快，反之亦然；许多植物会利用鸟虫来替自己授粉；而土地肥沃程度和许多的细菌以及真菌有很大的关系。

植物的心跳

　　植物也有心跳？阿乐觉得很稀奇。植物是自然界中的另一种生命形态，它和动物一样也有自己的情感和自己的心跳。比如许多花朵会在天气不好的时候停止开花或者低着自己高高的头颅；而许多的树干也会随着白天黑夜的不停转换心跳一起一伏，表现出来就是树干的时粗时细。

　　其实这些奇怪的现象都是有据可依的。当有阳光的时候这些开花的植物就会得到很好的光合作用为其提供开花所需的能量和物质，而

阴雨天的光合作用不好,所以在没有充足的能量和物质的提供下当然就延迟开花的时间了。

　　而树干每到白天就会缩小,到了晚上就不断地扩张,并且每次扩张要比收缩的范围大,日复一日,这是因为植物的吸水作用和生长作用在作怪。白天的时候太阳的光线在为植物提供光合作用时,也不断地蒸发着大树身上的水分,所以大树看起来就瘦了下来;而到了晚上,没有了太阳光线它所吸收的水分远远多于所蒸发的水分,所以就开始扩张了;白天植物通过光合作用产生的糖类以及从土壤和空气中吸收的营养成分在晚上的呼吸作用下使它能够得到迅速的成长,这也是扩张比收缩多的主要原因。

蒸腾

　　蒸腾是水分从植物中蒸发散失在空气中的现象,发生部位主要是叶子。蒸腾作用的快慢主要与外界环境(温度)以及自身的条件(比如,阔叶植物的叶孔比较大,水分流失大;而沙漠植物的叶孔比较小·并且身上还有蜡质覆盖,水分就很难散失)有关。

　　蒸腾过程, 土壤中的水分→根毛→根内导管→茎内导管→叶内导管→气孔→大气。植物幼小·时,暴露在空气中的全部表面都能蒸腾。

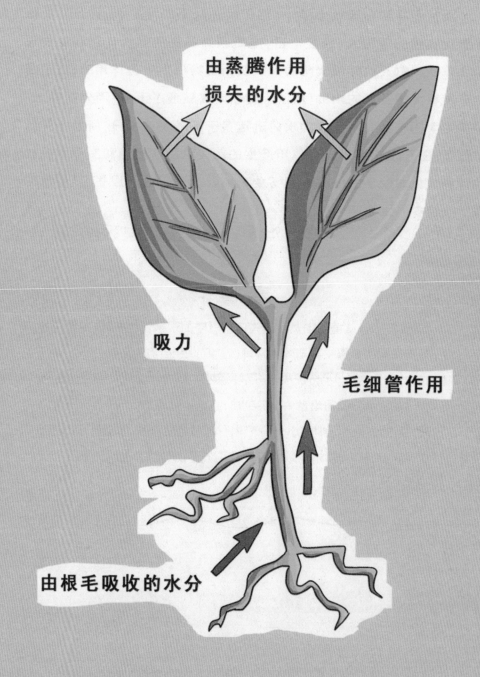

植物之最

陆地上最长的植物 ——鬼索

　　走入山间野林一不小心就有可能被烦人的藤条绊倒，我们称之为"鬼索"，在非洲的雨林中或者是我国的云南有一种世界上最长的藤类植物，它就是白藤。通常我们也叫它大发汗、白花藤以及大毛豆等等。

　　这种植物在整个植物界中可以称之为最苗条、最纤细的女子了。之所以这么说是因为它长得太长并且太细了，茎秆直径不足5厘米，而长度一般在300米左右，最长的可达400米。它通常会以大树为支架盘绕而上，因为在攀爬上升的过程中会形成许许多多的怪圈，所以人们又给它起了一个很有意思的名字——鬼索。

　　这些白藤浑身长着羽毛状的叶子，叶面上长满了尖刺，通常情况下有7~11枚叶子。茎上也会长着许多的倒刺，以此来很好地进行攀爬。每当有风吹过，它只要一接触到树干就会迅速地抓紧向上攀爬，在此过程中下边的叶子会逐渐脱落，而上面就会有新的叶子开始不断地生长，直到成为世界之最。

生命的绽放——拉蒙弟凤梨

凤梨又叫做菠萝,也有王梨、黄梨的叫法,这是一种热带水果,同时也是我们比较喜欢吃的一类水果。

真正的菠萝花是不结果实的。菠萝的茎短、叶多,并且长得像莲花一样层层向上延伸。花序顶生,着生许多小花;肉质复果由许多子房聚合在花轴上而成。喜欢在阳光充足、温度较高的地方生长,但是也不能过高,因为温度超过 43℃ 它就停止生长了。菠萝主要分布在南北回归线之间,原产地是非洲,经过移植、培驯已经在许多的国家出现了许多不同的品种,比如现在的卡因类、皇后类等。这个庞大家族却出现了一个异类,它就是拉蒙弟凤梨,一生只开一次花,而每次开花需要 150 年的时间,当开完花后它的使命就算完成了,也意味着枯萎和死亡,成为了世界上开花最晚的植物,同样用生命为代价浇灌的花朵更显得美丽与珍贵。

植物中的擎天柱
——杏仁桉树

珠穆朗玛峰是地球上的擎天柱，因为那是自然的鬼斧神工，得来如此简单，地球一个小小的颤抖这个巨无霸就平地而起了；在植物界中也有一个挺立的擎天柱，它就是澳洲的杏仁桉树，它的高度一般在 100 米左右，而最高的一株高达 156 米，相当于 50 多层的高楼，这是全靠自己的能力拔地而来。

这种身高巨大的杏仁桉树主要分布在大洋洲的半干旱地区，在生长的过程中很少分叉，只顾拼命地向天上生长，到了最后下边的大部分都是光秃秃的白干，头上只有稀稀落落的少许分枝，这样生长是为了防止大风的袭击。每当大树向上生长的时候，它的下枝干就会变粗，而根系也开始向下大力地生长，这样就能从土壤中吸收更多的水分和养料，一方面为大树不被吹倒，另一方面也为枝干的生产带来源源不断的养分支持。这些杏仁桉树的叶子长得也很奇怪，其他的许多植物都是叶子朝向阳光的方向，进行光合作用；而这种杏仁桉树却是把树叶背对着太阳的方向，这是因为它的身高实在是太高了，如果对着太阳的话会很快把自身的水分消耗干净，所以为了锁住水分避免太阳的直射就形成了叶子的独有特性。

树中的侏儒——矮柳

　　矮柳，生长在高山冻土带的一种树木。它的茎匍匐在地面上，抽出枝条，长出像杨柳一样的花序，高不过 5 厘米。如果拿杏仁桉树的高度与矮柳相比，一高一矮相差 15000 倍。还有另一种矮桦树，同样身材矮小，主要生活在北极圈附近；而另一种身材矮小的树则生活在温带的树林下，高度在 20～30 厘米左右，它就是紫金牛。

　　这些树木在进化的过程中受到了环境的极大影响。矮柳、矮桦树生长在极寒的冻土地区，并且还要面对强烈的大风和阳光的直射，为了保住自己不被吹走和保存身体中仅有的水分所以只能长成矮小的样子；而在温带这么舒服的条件下长不高，是因为在茂密的森林中如果不能长成参天大树，下边的小树是很难生长的，因为浓密的枝叶会把阳光都挡住了，也只有这种非常小的树有一点点的阳光就能存活起来，所以在长久的发展下身材矮小就成了它的生存本能。

百马树——栗树

童话里有这么一个故事：阿拉伯国王带着自己勇敢的百名骑士出外游览，忽逢大雨正不知所措的时候看到前面有一棵非常的栗树，然后就带领这些骑士到树下避雨，没想到这棵树如此之大，就像一个巨大的雨伞把所有的骑士都罩在了下边，避免了成为落汤鸡的尴尬。雨过天晴，国王很高兴就把这棵树命名为"百骑大栗树"，其实这也只是传说中的故事。

随着人们对森林的不断探索，竟真的发现了庞大的一棵栗树。这棵树在意大利的西西里岛，树干的周长为55米左右，一次需要30多个人互拉双手才能抱住。在这个树的中间有一个小洞，住在这里的采栗人就直接拿它作为仓库，可见树木之粗堪称世界之最。

树中的庞然大物——巨杉

前面说了世界上最高的树杏仁桉树和最粗的栗树。下面就要说一下巨杉，它比桉树要矮、比栗树要瘦，但是经过两样一结合就成了另一项世界之最，那就是体积之最。

美国加利福尼亚巨杉，虽然它比桉树要矮，但是对比的是世界上最高的树，矮只是相对的，一般它的高度在100米左右，最高的可达到142米；而比栗树瘦，也是一点点，大栗树需要30多个成年人拉手合抱，而巨杉也需要20来个成年人拉手才能把其抱住，可见身材之敦实。一般巨杉的直径在12米左右，周长则达到了37米。这样两项参数一结合就形成了它庞大的体积，所以又被评为树中的巨人。

树中的大头
——孟加拉榕树

都知道大树下边好乘凉，究竟一棵大树能让多少人在下边享受夏日的阴凉，一人、两人、十人、一百人、……可能么？

答案是肯定的。在孟加拉有这么一棵大榕树，它庞大的树荫可以遮盖的土地相当于一个半的足球场那么大，想象能坐多少个人，恐怕成千上万了吧？

榕树是桑科的乔木，原产地是亚洲的热带地区，它最主要的特点就是树冠庞大，并且长有许许多多的气生根和支柱根，远远看去就像一片小型的森林。

小知识

气生根，就是从茎上长出来的，暴露在空气中的没有根毛的植物根，主要起呼吸作用。

支柱根，就是起支撑作用的气生根。

铜头铁臂的大树——铁桦树

我们形容一些人的时候会说，除非铁树会开花。对于许许多多的人来说那是不可能的事，但是如果再有人这样对你说同样的话你就可以义正词严地说，铁树是可以开花的，它就是比钢铁还要钢铁的铁桦树。铁桦树树干十分坚硬，比一般的钢铁还要硬一倍多，是世界上最硬的木材，人们常常拿它来作为钢铁的替代品来使用，因为其密度大所以这种木头是不能用来做船只的，一旦放入水中马上就会沉底。

铁桦树是落叶乔木，花是单性的，雌雄同柱，身高在 20 米左右，树干直径约 70 厘米，寿命在 300～350 年之间。铁桦树的树皮成暗红色或者结晶黑色。主要分布在朝鲜南部、越南南部以及朝中接壤处和俄罗斯的海滨一带。是非常耐寒、耐旱的强大树种。

树中的老寿星——龙血树

在我国的陕西有一棵古柏树,相传是当年黄帝亲手栽种的,经过科学家的鉴定,此古柏树确实存活了 5000 多年,和历史基本上相符合。此年龄在树中可谓是一个老寿星了,但是在非洲西部有一棵龙血树,在 500 多年前经过西班牙人的测定,年龄在 8000～10000 岁之间,可谓树中真正的老寿星。

龙血树是常绿小灌木,常被拿来作为观赏型植物种在园林之中,皮肤成灰色,一般能长 4 米多高,顶部会开出大型的圆锥形花絮,白色花朵,黄色浆果。因为树干在受伤时会分泌出鲜红色树脂,所以叫做龙血树。不过它还有一个搞笑的名字,叫做"不才树"。这和它的特性有很大关系,因为这种树的木质疏松并且还内部中空,作为建筑材料肯定是不能用的,而它被用来烧火的时候只会冒烟不会起火,所以连柴火都做不成,除了观赏之外一无是处,所以就被叫做不才树了。

流星般的植物——短命菊

在自然界中有像古松、古杉以及无用而美的龙血树都是高寿的木本植物,被称为树中的老寿星;而另一部分则是比较短命的草本植物,一般存活时间几个月到十几年不等,和木本植物比起来寿命就不值得一提了。

就在这类草本植物中,出现了一种世界上最短命的植物,它就是生长在沙漠中的短命菊,就像流星一般在最短的时间内把自己的所有美丽、所有璀璨一下子绽放在世人面前。

短命菊生活在干旱的沙漠之中,生存条件是异常艰辛的,所以为了生存、为了繁衍生息,少有雨水滋润的它就会抓住机会拼命地生长,在短短的几个星期内把发芽、生长、开花全部完成。

出生天成
——竹子

生长不管对于人类、动物还是植物都是非常缓慢的一个过程。人一年能长多高,几厘米、十几厘米就是顶天了;而动物呢?也就是在数米内;跨度最大的就属植物了,一年也就是几米几米的长,但是其中出了一个急速成长的急性子,它就是竹子。

竹子从竹笋开始不到两个月的时间就可以长到20米高,相当于六七层楼那么高,简直比拔苗助长还要快。在它生长最旺盛的时候,一晚上就能够长高1米左右,此时的我们如果夜间站在竹林之中就可以听到它们生长的声音。

竹子在出生后命运就注定了,就是说竹笋有多少节,长大后也是多少节不会有所增加,每节竹子只会不停地长高长粗。

第四章
看不见的五彩缤纷

微生物

有一个王国，我们看不见，摸不着，闻不到！但它就在你身边，小朋友你们猜猜这是什么？就让阿乐告诉小朋友吧——它的名字叫微生物。

微生物就是我们看不到或者看不清的微小生物，只有在借助放大镜或者显微镜的情况下才会对它们做进一步的认识和了解。就是这么微小的存在却是整个生物圈中重要的组成部分，否则我们就要整天在许许多多的尸体上行走了。

微生物之所以叫做微生物除了它的形体确实非常小以外，最主要的还是它的结构也十分的简单。微生物相对于它的身体而言，可谓是一个超级大胃王，对于其他物质的吸收、转化以及代谢都十分的快。试想一下我们人类或者动物都是用自己的小嘴在不停地吃，然后在身体里经过各种消化器官进行消化，而微生物则是利用整个身体来进食，如果我们人类也像它们一样，站在食物中所有身体能接触的部位都在进食那是多么恐怖的一件事情呀。

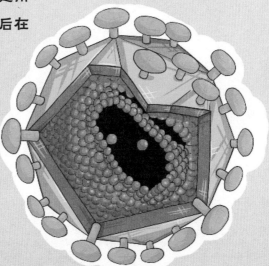

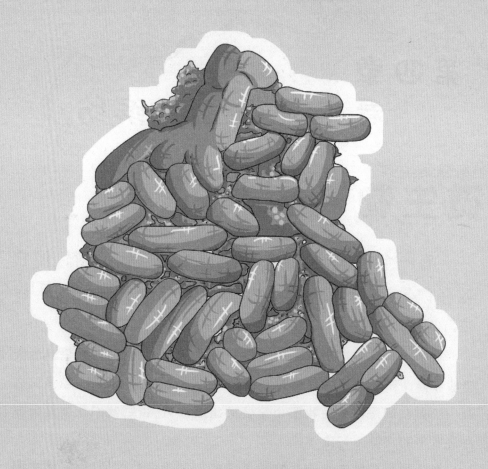

　　而一个正常的微生物吸收代谢的速度是一个正常人的 30 万倍，如果没有其他的外界条件制约恐怕整个地球顷刻就会被它们吃掉。

　　如果吸收其他物质使你感到恐怖的话，那么它的繁殖能力就更吓人了，只要有足够的物质支持，一个分裂成两个、两个再到四个、四个到八个……就这样成指数进行超快速增长的。在它们的生长过程中，对于外界的环境也有非常高的适应能力，不管是烈日炎炎的沙漠地区还是冰天雪地的极地，不管是直插云霄的山顶还是暗不见光的深海海底都会出现它的身影。

　　微生物在成长的过程中吸收大量的物质，同时也会代谢出许许多多的物质，一部分是对自己有用的物质，也有一部分是没什么用的，就是像动物一样把食物中的养分和微量元素吸收为己用，而没用的就变成粪便排出体外。

代谢

代谢就是微生物吸收一定物质后在体内(细胞内)产生一定化学反应,在此过程中形成新的物质。

微生物在吸收代谢的过程中会形成自身生长和繁殖所用的必需物质,比如氨基酸、核苷酸、多糖以及维生素等。

微生物在吸收代谢过程中会产生许多的不同物质,并且都是自己不需要的,比如说一些抗生素、毒素或激素等等。这些物质有的被微生物排出了体外,有的则残留在身体之中,所以在我们吃东西的时候万一碰见身上有毒素或者病菌的微生物了,结果就有可能使我们染上疾病。

微生物和我们人类一样在长期的生活中形成了一套自己的生活方式,比如一天三餐、什么时候睡觉等等,这些是说人的,而微生物同样也有一套自己的系统。为了使自己的代谢活动更加高效、经济、实用,它们有两种不同的方式:

酶合成的调节和酶活动的调节。

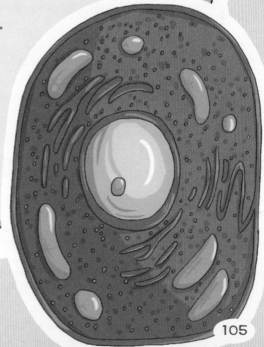

　　微生物在自然界中的作用是非常巨大的，比如我们生活中所食用的醋、酸奶等是通过醋酸菌和乳酸菌发酵粮食和牛奶得到的。在医学上我们所注射的疫苗以及治病所用的抗生素都是依赖这些微生物制造而成的，更重要的是这些微生物可以分解许多的动植物尸体和许多不被动植物吸收的物质，然后把它们变成植物的养料，从而组成了整个食物链最基层的支架，为以上的许多层级做服务。

　　微生物主要分为原核微生物、真核微生物以及无细胞微生物，使它们共同构架了整个庞大的微生物系统，也可以说没有微生物就不可能有我们现在的美好生活。

原核微生物

　　原核微生物就是没有真正意义上的细胞核或者近似于简单的细胞组合的微生物，它是人类科学上发现的最简单、最古老也是最原始的微生物，而真核生物的进化就是从这里开始的，也就是说原核生物是真核生物的老祖。

　　原核微生物的细胞组成非常简单，并且没有发育完全，它的基因载体没有隔膜，细胞核与细胞质之间几乎没有什么界限，所以我们也叫它为拟核或者似核。它通过二次分裂的方式呈指数倍的大量繁殖，所以迄今为止它是世界上分布最广、数量最大的一个族群。虽然它不完全、虽然它简单，但是能在这个竞争激烈的环境中长久地活下去都会拥有自己的专属技能——原核微生物的多样性。

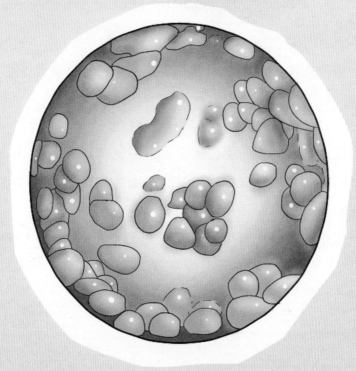

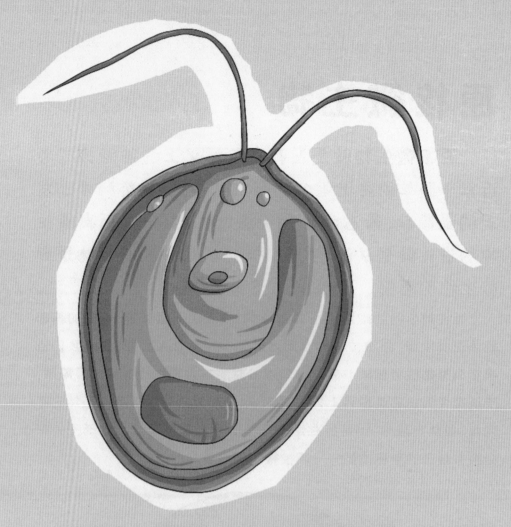

　　原核微生物虽然简单，但是通过不同的组合出现了许多不同的特点，比如细胞形态的多样性、运动的多样性、生长发育多样性、细胞结构多样性、细胞化学多样性、代谢功能多样性、遗传变异多样性等，所以它是有着极高利用价值的生物资源。这一资源不仅表现为与人类生存活动息息相关的几乎所有生物无穷的代谢功能性状，也同样表现为一个五彩缤纷的微生物世界。

　　在原核微生物中有以下几位重要的成员，它们是古菌、真细菌、蓝细菌、放射菌、粘细菌、立克次氏体、支原体、衣原体和螺旋体。正是这些微生物的不懈努力才使我们的生活丰富多彩。

古菌

　　古菌是迄今为止人类发现的最简单、也是最古老的生命体。但是就是这样简单的生物却有着异乎寻常的生命力，不停地挑战着人们认知的底线。不管是在烈日炎炎的沙漠还是一望无际的草原，不管是滴水成冰的极地还是深不见底的海底，或者岩浆喷发的火山口都能见到它的身影。

　　古菌的代谢物成多样性，在代谢的过程中有异养型、自养型以及不完全光合作用型。在自我生长的过程中产生的许多代谢物都是我们人类很喜欢用到的。

　　甲烷菌的外形是一个不规则圆球性，直径在 1 微米左右。是一种超级厌氧的生物，也就是说非常地讨厌有氧的环境，并且喜欢在酸碱度为 6.5～6.8 之间的环境下活动。它在生活的过程中产生了对人类有用的物质——沼气。

　　不过也有对人类的生活产生影响的，比如极度嗜盐菌。它们特别喜欢在盐度较高的环境中生存，主要食物就是盐，如果一旦失去了这样的环境它们的细胞壁就不能组织完整，结果就是在细胞吸水后膨胀，然后自我解体，彻底的自溶。

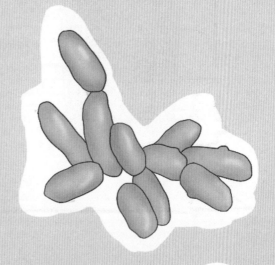

　　正因为这些特性它们多生活在盐湖、海水以及食盐浓度较高的地方。生活中我们腌制菜品的地方就是它们很好的寄生场所，但是因为它们会吃掉许多盐，使腌制品坏掉，这也是我们非

常头痛的部分。

在动物、植物以及人类的生活环境中温度都是一个非常重要的要素，如果出现 40℃、50℃、60℃的高温人类就会出现问题，植物或动物都有可能被热死。但是就有这么一种强大的生物偏偏喜欢这样的环境，它就是极端嗜热菌。这种耐热的微生物生活在 90℃以上的高温环境中，如果温度低于 80℃这些微生物就会死掉。美国科学家在一个火山口发现了能够在 250℃以上高温的环境中存活的微生物，从此也可以看出它们的生命力之强悍。这些极度嗜热菌是一群异养型生物，为了保持自己身体内的温度它们会以硫磺为食，进行氧化反应，然后利用反应中的热量来维持自己的生存。

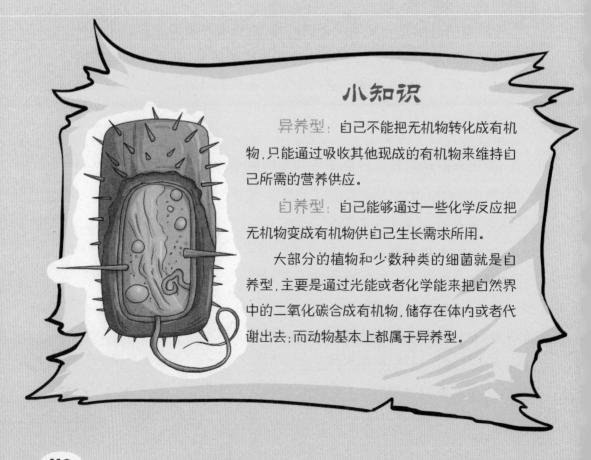

小知识

异养型：自己不能把无机物转化成有机物，只能通过吸收其他现成的有机物来维持自己所需的营养供应。

自养型：自己能够通过一些化学反应把无机物变成有机物供自己生长需求所用。

大部分的植物和少数种类的细菌就是自养型，主要是通过光能或者化学能来把自然界中的二氧化碳合成有机物，储存在体内或者代谢出去；而动物基本上都属于异养型。

细菌

细菌，地球上分布最广泛也是数量最大的族群，是一个让人又爱又恨的存在。

细菌非常小，最小的在 0.2 微米左右，只有在借助显微镜的情况下才能够被看到。它的分布非常的广，在土壤、水以及动植物身上都有出现，有的还和其它生物共同生存。细菌的生存方式可以分为异养型和自养型，其中生态环境中的分解者就是异养型的细菌，它使碳得以还原到整个生物系统中。

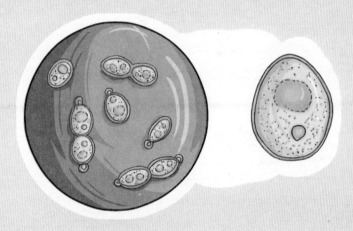

细菌主要是依靠二分裂法这种无性繁殖的方式进行繁衍后代，一个细胞通过纵向的分裂形成两个新的个体，在分裂的过程中这些新的细胞会继承原来细胞的遗传基因。

细菌的生长和繁殖会受到周围的温度、湿度、空气以及营养物质的丰富程度的影响。细菌是一个非常顽强的生命集合体，许多种类在高温、干旱或者冰冻等条件下都不能把其杀死，也正因此特性才使得它们经过了几十亿年的地球改变仍然存活于世。

之所以说我们对细菌又爱又恨，是因为在细菌这个大家族中有好也有坏。所谓的坏就是一些病原体的细菌，会导致人患上破伤风、伤寒、肺炎以及霍乱和结核等；而植物也会因一些细菌的入侵得上叶斑病、火疫病以及萎蔫等，对农作物造成严重的减产。

病原体

病原体，就是能够导致疾病发生的一类生物的总称。其中包括病毒、细菌、真菌以及寄生虫等，但是最主要的还是以细菌为主。

酵母菌

酵母菌是一类单细胞的真菌，喜欢在营养丰富且适宜的环境中生存，迄今为止发现的真菌竟有12万多种，而中国就有4万余种。酵母菌主要的两种繁殖方式是通过出芽进行无性生殖和通过在囊孢子进行无性生殖。而它的用途最主要是酿造领域，比如酿酒、酿醋、制造酸奶等等。

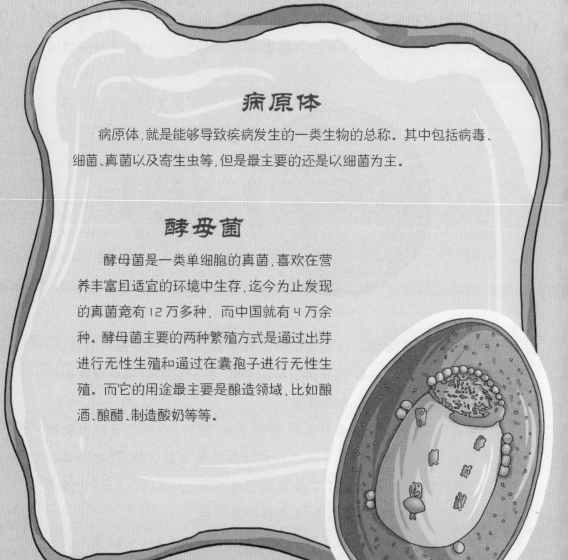

真核微生物

真核微生物是从原核微生物的基础上发展进化而成的。它们的体内具有核膜,能够进行有丝分裂。相对于原核微生物来说真核微生物体内有完整的细胞核,核内有核仁、染色体,并且有核膜让细胞核和细胞质完全地分离开来。在真核微生物的大家族中有着许许多多的小成员,比如真菌、原生生物以及藻类等。

真菌

真菌主要由酵母菌、霉菌之类的微生物组成,其中最为我们熟悉的就是菇类了,比如香菇、茶树菇等就是阿乐非常爱吃的。真菌虽然在世界上的每个角落都有,但是想要见到它却十分不易,因为在真菌生长的过程中会出现许许多多的保护色,所以如果稍有不注意就会把它们给忽略掉。

保护色

保护色即是自身的颜色和身边景物的颜色很相似。在生活中动物身上会出现许许多多的保护色，使自己融入场景，以便自己捕食或者逃离捕食者的视线。

真菌多喜欢生长在腐烂物、树枝以及动物体等上面，多数情况下和这些东西处于共生关系。

在我们的生活中有大量的菌类食物或药物，比如香菇、草菇、平菇以及灵芝、银耳等。真菌虽属植物，但是和植物离得比较远，因为它是一个标准的异养型生物，身上没有绿色只能通过大量地吸收周围的养料才能生长。

真菌的繁殖

1.无性繁殖:是指营养体不经过核配和减数分裂产生后代个体的繁殖。它的基本特征是营养繁殖通常直接由菌丝分化产生无性孢子。常见的无性孢子有三种类型:

(1)游动孢子:形成于游动孢子囊内。游动孢子囊由菌丝或孢囊梗顶端膨大而成。游动孢子无细胞壁,具1~2根鞭毛,释放后能在水中游动。

(2)孢囊孢子:形成于孢囊孢子囊内。孢子囊由孢囊梗的顶端膨大而成。孢囊孢子有细胞壁,水生型有鞭毛,释放后可随风飞散。

(3)分生孢子:产生于由菌丝分化而形成的分生孢子梗上,顶生、侧生或串生,形状、大小多种多样,单胞或多胞,无色或有色,成熟后从孢子梗上脱落。有些真菌的分生孢子和分生孢子梗还着生在分生孢子果内。孢子果主要有两种类型,即近球形的具孔口的分生孢子器和杯状或盘状的分生孢子盘。

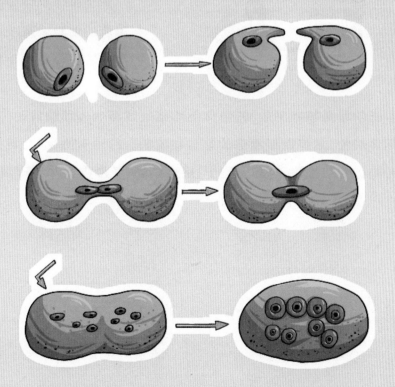

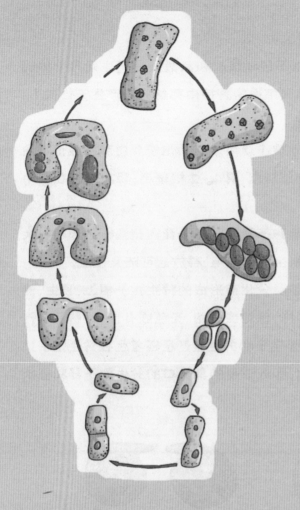

2.有性生殖：真菌生长发育到一定时期就进行有性生殖。有性生殖是经过两个性细胞结合后细胞核产生减数分裂产生孢子的繁殖方式。多数真菌由菌丝分化产生性器官即配子囊，通过雌、雄配子囊结合形成有性孢子。其整个过程可分为质配、核配和减数分裂三个阶段。

第一阶段是质配，即经过两个性细胞的融合，两者的细胞质和细胞核合并在同一细胞中，形成双核期。

第二阶段是核配，就是在融合的细胞内两个单倍体的细胞核结合成一个双倍体的核。

第三阶段是减数分裂，双倍体细胞核经过两次连续的分裂，形成四个单倍体的核，从而回到原来的单倍体阶段。经过有性生殖，真菌可产生四种类型的有性孢子，即卵孢子、接合孢子、子囊孢子、担子孢子。

共生的根瘤菌

根瘤菌在许多情况下与豆科植物共生,这些根瘤菌通过鞭毛的推动移动到豆科植物的根内,经过长时间的积累使其成为根瘤状,它可以吸收空气中的氮气提供给共生的植物,起到增产的效果,所以常被人类作为一种化学肥料施用在田间。

当幼苗下地以后,土壤中的根瘤菌就像闻到腥味的猫一样开始向这些根部聚集,在此过程中分泌一种刺激豆科植物根毛生长的物质,使其先卷曲后膨胀,然后被根瘤菌分泌的纤维素酶溶解,根瘤菌就趁机入侵,这时豆科植物的根就成为了这些根瘤菌的住所了。有了住处就开始大量地分裂繁殖,最后把这些豆科植物的根都撑大了,这就是我们看到的根瘤;然后发展到一定阶段会产生拟菌体,拟菌体起到固氮作用,帮助豆科植物吸收,而在此过程中根瘤菌通过细胞大量地吸取豆科植物中的碳水化合物、矿物质以及水分进行成长。就这样两种生物通过互相依托达到了互利共赢的目的。

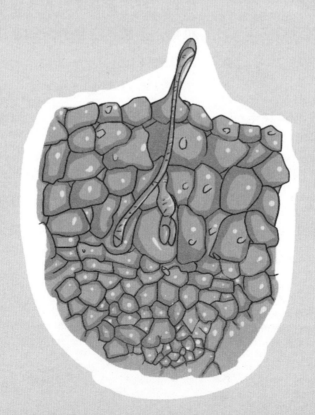

原生生物

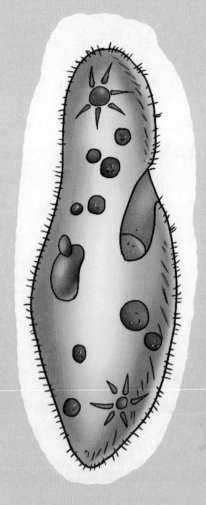

原生生物是最简单的真核生物,大多数物种都属于单细胞,也有少部分是多细胞的,但是不具备组织分化的能力,和真菌比起来它有自养型的也有异养型的,有些原生生物可以利用光合作用制造食物。它们的栖息场地全部在水中。

原生生物的分布非常之广,只要是有水的地方几乎都会出现原生生物,不过它们的体积都十分的微小,只有在显微镜下才能看得到。在河流或者湖泊中的边缘处,这些原生生物的数量会非常可观,在静止的水面会出现能够进行光合作用的浮游原生生物。可怜这类原生生物,好不容易通过光合作用得到了有机物,却被其它异养型的原生生物拿来当食物吃。

这些原生生物在长到一定程度的时候就会长出鞭毛和纤毛,它们就像推动船只的小桨一样,用来移动细胞位置。

原生生物较真核生物来说营养方式多种多样,它们的生命活动均伴随有氧呼吸,而营养方式有自养的、有异养的、有混合营养的以及光合作用的。原生生物被分成了三个群落,即类似植物类、类似菌类以及类似动物类。

眼虫

　　眼虫是裸藻的一个通俗的称号，它是介于动物和植物之间的一种单细胞的真核生物。在淡水中眼虫有绿眼虫、锁眼虫以及长眼虫等。

　　它们主要生活在物质丰富的水沟和沼泽中，而河堤、湿地以及盐田中也会看到它们的身影。湿热的夏季是它们大量繁殖的季节，因为其身体里叶绿素呈绿色，所以可以使下水道中的水变成浅浅的绿色。在有光线的时候它的身体内会进行光合作用，释放出氧气，这就等同于植物；而在释放氧气的时候它自身又进行有氧呼吸，也就相当于动物了。它的繁殖方式是纵向二次分裂，这也是鞭毛虫纲的主要特征之一。

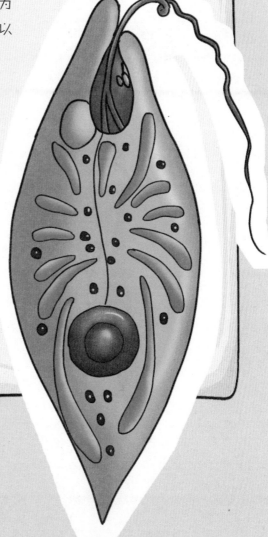

藻类

　　藻类是一种比较常见的水中生物,同时在陆地上也可以寻到,但是并不显眼,一般它们喜欢生活在潮湿地方和苔藓类植物进行共生。藻类和原核生物以及原生生物不同的是, 它是纯粹的靠光合作用生存的自养型生物。藻类和陆地植物看似都是由蓝绿藻演化而来的,但是藻类并不是植物,虽然它也具有光合作用的能力,但是它缺少了植物最本质的东西,即根、茎、叶和其它在植物身上的组织构造。

　　藻类是生存能力最强的生物之一, 不管是营养低下、光线微弱的

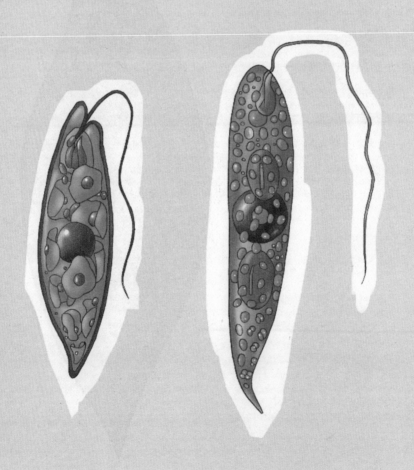

深海，还是温度极低的两极，只要有一点光源和极低的营养它都能够生活下去，所以不管是江河湖泊以及水塘、海洋都有它的身影。

藻类一般分为浮游藻类、漂浮藻类以及底栖藻类。像甲藻门、绿藻门这些单细胞的种类都喜欢在海洋、湖泊以及江河中，称之为浮游藻类；而马尾藻类则单单喜欢在海洋上漂浮，称之为漂浮类；而红藻门、褐藻门、绿藻门这些藻类则喜欢吸附在水底的物质上，被称为底栖藻类。

藻类因为在光合作用下会产生大量的碳水化合物，对海洋中的各大渔场起着关键性的作用，而我们人类吃的海带、紫菜等也是藻类的一部分。现在，人们又从不同的藻类中提取出了许多对人类有用的元素及原料，在能源日益消减的今天，藻类将成为我们继续发掘的巨大宝库。

赤潮

潮水为什么是红色的？阿乐很奇怪。赤潮又叫做红潮,被喻为红色幽灵,在国际上也有一个响亮的名字,叫做有害藻华。它是海洋中的一种异常现象,赤潮不一定都是红色的,只是一个历史性的沿用名。组成赤潮的主要是海藻这个庞大的家族,其它的还有一些小植物或者原生生物促成,最常见的颜色为黄色、绿色或褐色等。

正常情况下海水中的营养物质比较少,这样就大大限制了这些藻类和微生物的生长,但是含有大量富营养的生活污水以及工业废水会使海水中的局部营养过剩,而这些藻类和微生物抓住机会就开始大量地繁殖,在此过程中水中的氧气被大量掠走,使得许多海洋动物因缺氧死亡,最终造成严重的海洋污染。

无细胞微生物

　　无细胞微生物就是结构极其简单并且极其微小的微生物，它们没有典型的细胞结构，也没有产生能量的酶系统。

　　这类微生物主要由 DNA 片段和 RNA 组成一个核心系统开始入侵宿主的细胞进行增殖活动。它们的最主要成员是病毒、类病毒、拟病毒以及朊毒体。

病毒

　　阿乐生病了。医生说是病毒性感冒，那什么是病毒呢？病毒是结构非常简单、体形非常微小的一种寄宿型微生物，由一个核酸（DNA 和 RNA 组成核酸）组成。正因为这样的特性，所以它们只能依附于宿主才能生存，也就是入侵其它生物的细胞，然后在其内部进行快速复制、增殖。

DNA、RNA

　　DNA，是脱氧核糖核酸英文单词的缩写（Deoxyribonucleic acid），又称去氧核糖核酸，是一种分子，促成遗传指令的重要元素，带有遗传片段的 DNA 就叫做基因。

　　RNA，是核糖核酸的英文单词缩写（Ribonucleic Acid），存在于生物的细胞及部分病毒、类病毒中的遗传信息载体。

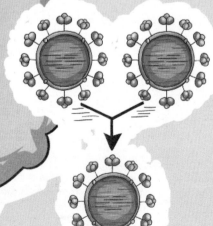

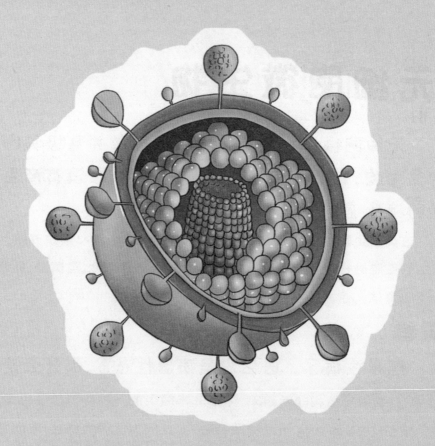

　　病毒虽然没有细胞结构,但是它和其它生物一样,同样具有遗传、复制、变异和进化的能力。它高度依赖宿主,通过吸食宿主身上的物质和能量来完成自己的繁殖和蜕变,一旦离开宿主它就成为了一个单独的分予进入失活状态,也有可能立刻死亡。在失活状态下的病毒会形成蛋白质结晶,等待宿主的到来,一旦遇到宿主的细胞就会马上吸附上去,开始进行新一轮的入侵和繁殖,所以病毒是一种介于生物和非生物之间的生命体。

　　病毒的结构式由核心和衣壳组成,核心是由一个核酸构成,位于病毒结构的中心,主要进行病毒的复制、遗传和变异;而衣壳是一种抗原体,来保护核心和连接病毒与细胞之间的联系。而有些病毒外边还有一层蛋白质包膜,它是在病毒入侵其它生物细胞时获得的一种物质。它同样起到保护内核的作用,并且促进病毒和细胞之间的联系。这也是病毒类疾病很难治疗的罪魁祸首。

　　病毒在人类的疾病史上起着致命性的作用,比如天花、艾滋病、禽流感这些都是比较严重的、导致大批人员伤亡的疾病病毒;也有一般的疾病病毒,比如感冒病毒、流感病毒以及水痘病毒等等,这些虽然不致命,但是被其入侵也会使人很难受的,并且这类病毒的入侵率非常高,几乎每个人都被入侵过。

类病毒

　　类病毒又叫感染性 RNA 或者病毒性 RNA 等，它和病毒有着很大的不同，它比病毒还要小，并且没有蛋白质外壳，只由一个单链的 RNA 分子组成。平时主要靠入侵高等植物进行自我的复制性繁殖，在此过程中有可能使被入侵的植物死亡。

　　类病毒通过植物的受伤部位入侵或者通过花粉或种子进行传播。到目前为止世界上共发现了 40 多种类病毒，主要是针对植物，是瓜果蔬菜的主要病害之一。比如黄瓜的白果病、椰子的死亡病等等。

拟病毒

拟病毒的体形依然十分的微小，主要结构是一种环状的 RNA 单链条。这个拟病毒和类病毒有一定的相似性，同样喜欢植物，但是又有不同。拟病毒就像是一个黄雀，当其它的病毒入侵植物后，它才开始入侵，并且入侵的是其它植物病毒而并非植物本身，因为它不具备直接入侵植物细胞的能力，只能通过其它的植物病毒才能够进行复制。

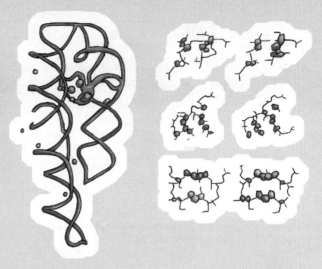

卫星病毒

卫星病毒是一类基因残缺的病毒，它在复制的过程中需要其它的病毒辅助。如丁型肝炎病毒必须利用乙型肝炎病毒的包膜蛋白才能完成复制周期。

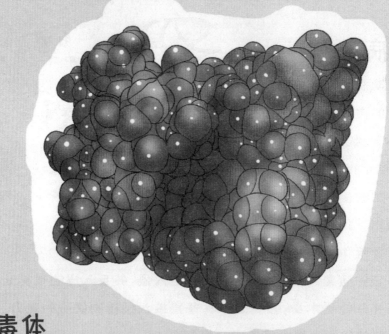

朊毒体

　　朊毒体又叫普里朊、蛋白质感染因子、朊病素等等,它和病毒有着截然不同的结构组成,体内不含核酸,只由外面的蛋白质构成,并且可以自我复制、具有强烈感染性。这种朊毒体比其它的病毒生命力要顽强得多,在 100 摄氏度的高温下连续 4 个小时或者在紫外线、甲醛消毒等条件下都很难把它杀死,而其对蛋白酶具有很高的抗性。

　　朊毒体的感染性比较强烈,只要接触就有可能被感染。比如把带有朊毒体的食物吃到了肚里,就会在接触的过程中慢慢地使其感染,身患疾病。危险的朊毒体会通过不断聚合,在中枢神经细胞中堆积,最终破坏神经细胞,严重的可导致生物出现致命危险。

　　凡事都有两面性,朊毒体在给生物带来危险的时候同样也带来了机遇,科学家通过它们能够聚集成纤维的特性,为纳米材料提供了新的研究思路和方向,希望能从中有所突破找到新的功能性材料。